21世纪科学前沿 21st CENTURY SCIENCE

克隆 *Cloning*

[英] 苏珊·奥尔德里奇博士 / 著 凌茜 / 译

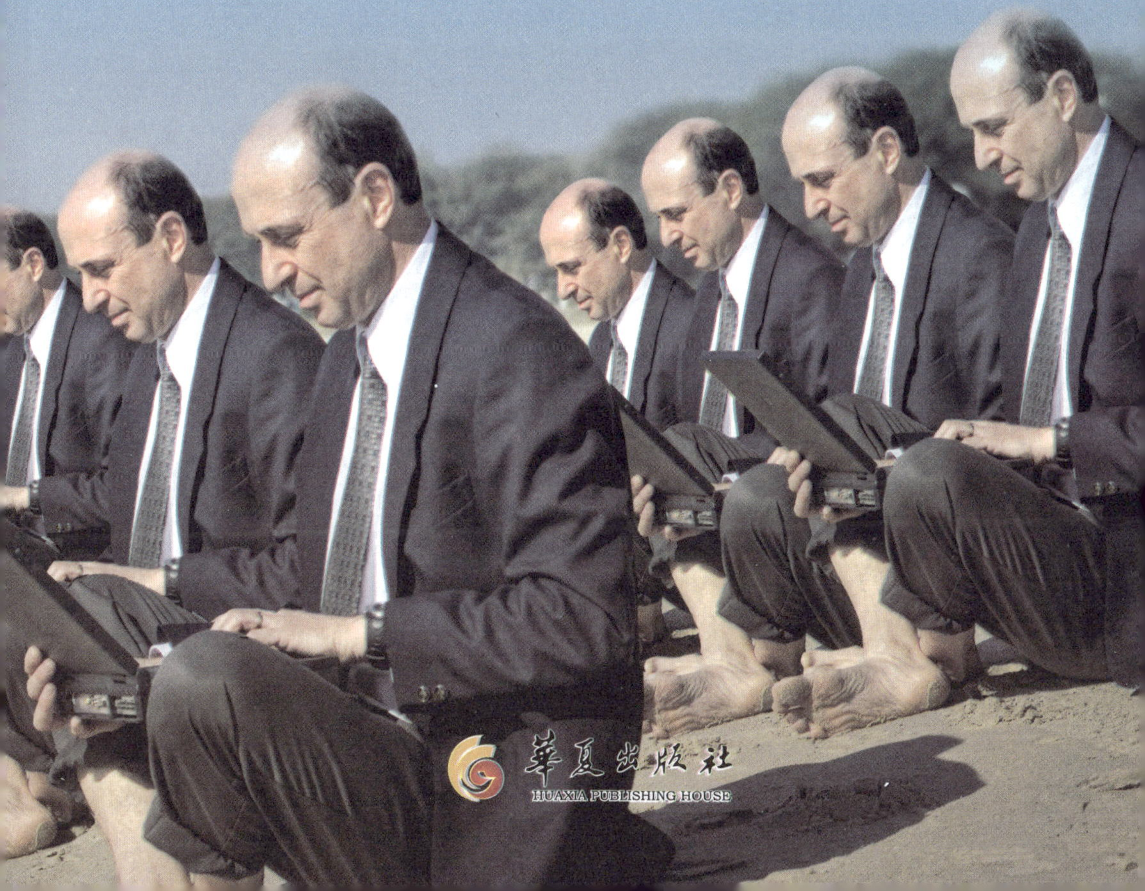

華夏出版社
HUAXIA PUBLISHING HOUSE

图书在版编目（CIP）数据

克隆 /（英）苏珊·奥尔德里奇博士（Dr Susan Aldridge）著；凌茜译. ——北京：华夏出版社，2017.1
（21世纪科学前沿）
书名原文：21st Century Science: Cloning
ISBN 978-7-5080-8990-4

Ⅰ.①克… Ⅱ.①苏… ②凌… Ⅲ.①克隆—青少年读物 Ⅳ.①Q785-49

中国版本图书馆CIP数据核字（2016）第252913号

21st Century Science: Cloning
First published in 2011
under the title 21st Century Science: Cloning by Tick Tock, an imprint of Octopus Publishing Group Ltd
Endeavour House, 189 Shaftesbury Avenue, London WC2H 8JY
Copyright © 2012 Octopus Publishing Group Ltd
All rights reserved.

版权所有，翻印必究。
北京市版权局著作权登记号：图字01-2012-8561号

克隆

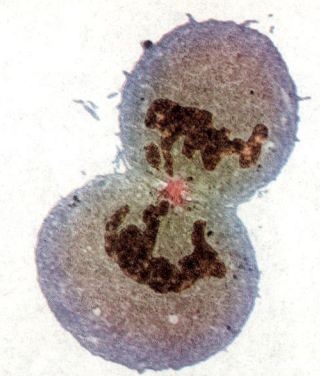

作　者	[英] 苏珊·奥尔德里奇博士
译　者	凌　茜
责任编辑	王占刚　许　婷
出版发行	华夏出版社
经　销	新华书店
印　刷	永清县晔盛亚胶印有限公司
装　订	永清县晔盛亚胶印有限公司
版　次	2017年1月北京第1版 2017年1月北京第1次印刷
开　本	690×940　1/16开
印　张	9
字　数	70千字
定　价	25.00元

华夏出版社　网址：www.hxph.com.cn　地址：北京市东直门外香河园北里4号　邮编：100028
若发现本版图书有印装质量问题，请与我社营销中心联系调换。电话：（010）64663331（转）

目录 Contents

引 言

克隆细菌和植物 /004
克隆动物 /004
克隆羊多莉 /006
对克隆的关注 /008
克隆的优点 /008

第一章 关于细胞

发现细胞 /014
新发现 /015
细胞的世界 /016
揭开DNA之谜 /016
细胞如何增殖 /020
细胞分裂 /020
细胞的变化 /022
细胞、组织和器官 /025
制造器官 /025
修复受损细胞 /026

第二章 克隆和DNA

什么是克隆？/030
双胞胎的产生 /031
克隆植物 /032
繁殖 /032
组织栽培 /034
克隆动物 /037
单性生殖 /038
DNA克隆 /041
DNA克隆是怎样形成的？/042
解释证据 /043

第三章 开创历史

第一次成功 /050
成功还是失败？/052
尝试，尝试，再尝试 /053
多莉活了多少岁？/058
当今的动物克隆 /058
选择性克隆 /060

第四章　动物与植物

基因怎么工作 /064
克隆你的宠物 /066
克隆猫 /067
猫和狗 /069
稀有动物和灭绝的动物 /072
拯救物种 /072
受欢迎的植物 /077
自然和克隆 /077
樱桃树克隆 /078

第五章　干细胞技术

新方法 /084
增长的皮肤 /084
什么是干细胞? /086
制造组织 /086
克隆和干细胞 /090
发现供源 /091
治疗性克隆 /091

第六章　正确与错误

克隆的现实 /098
试管婴儿 /099
体外受精与研究 /100

生殖性克隆 /101
为什么要克隆人 /104
治疗自己 /104
未来的恐惧 /106

第七章　对克隆的挑战

支持与反对 /113
错了吗? /114
克隆、金钱和法律 /114
获得资金 /116
世界性的克隆 /119
限制克隆 /119
东方和西方 /122

第八章　克隆的未来

目前的治疗 /127
干细胞的突破 /129
细胞治疗的前景 /130
干细胞和糖尿病 /132
免疫系统 /132
克隆的未来 /135
复杂的过程 /135
今天和未来 /136

名词解释 /138

引 言

什么是克隆？

　　克隆就是从原型中产生出同样的复制品，它的外表及遗传基因与原型完全相同。从生物学角度来讲，克隆已经出现了多年。细菌繁殖非常简单，就是通过分裂成为两个相同的细菌。一个细菌是另一个细菌的克隆。

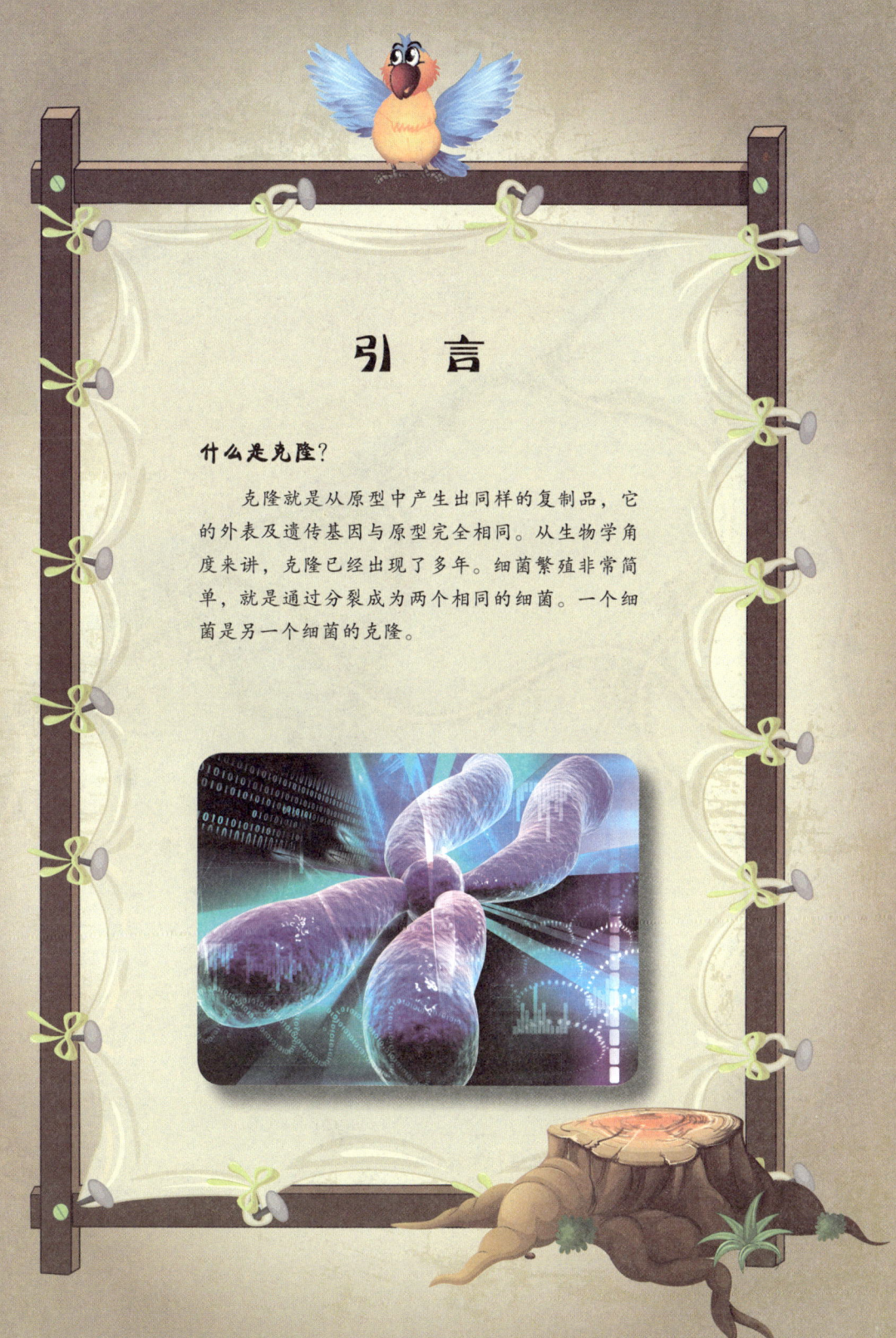

21 克隆

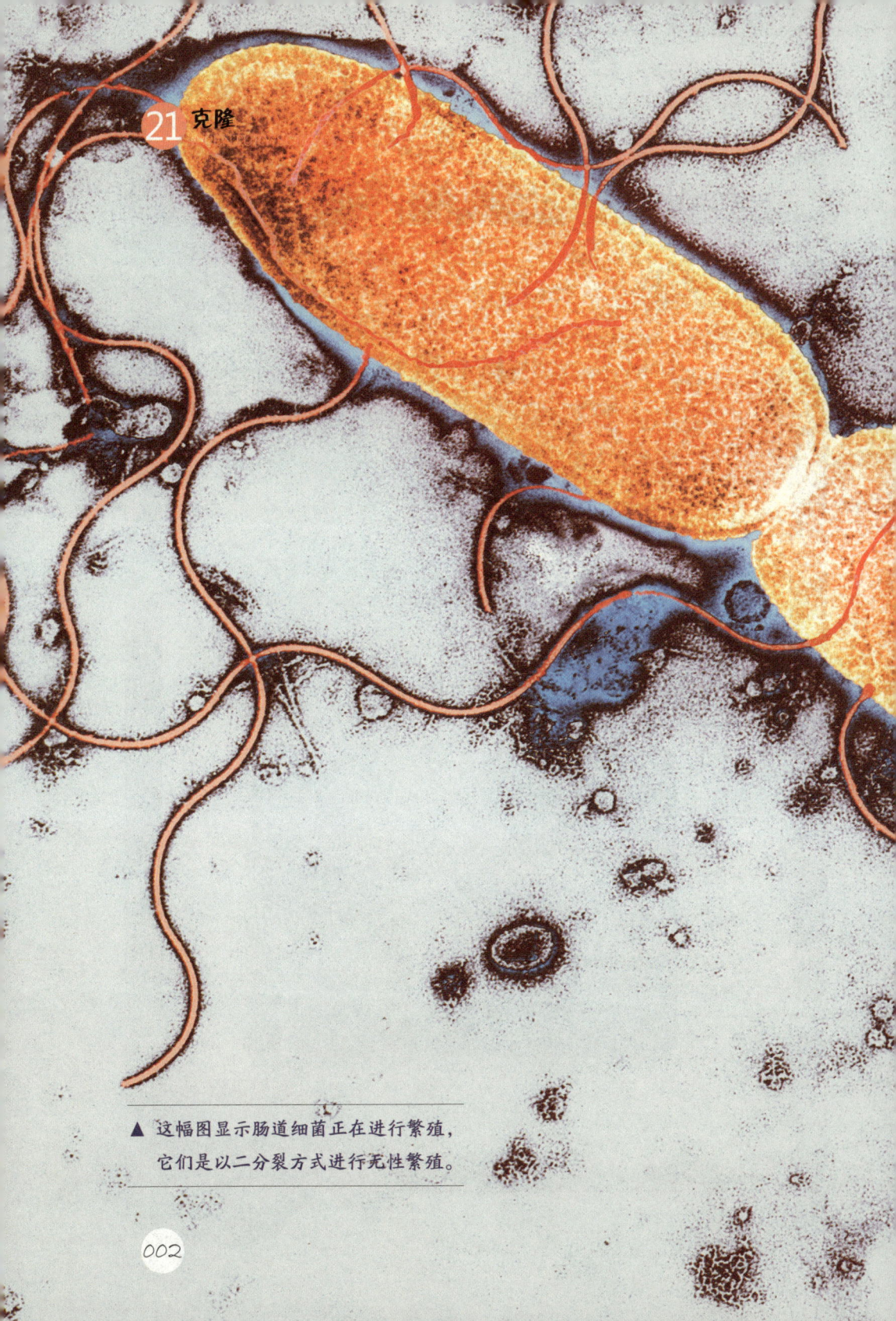

▲ 这幅图显示肠道细菌正在进行繁殖，它们是以二分裂方式进行无性繁殖。

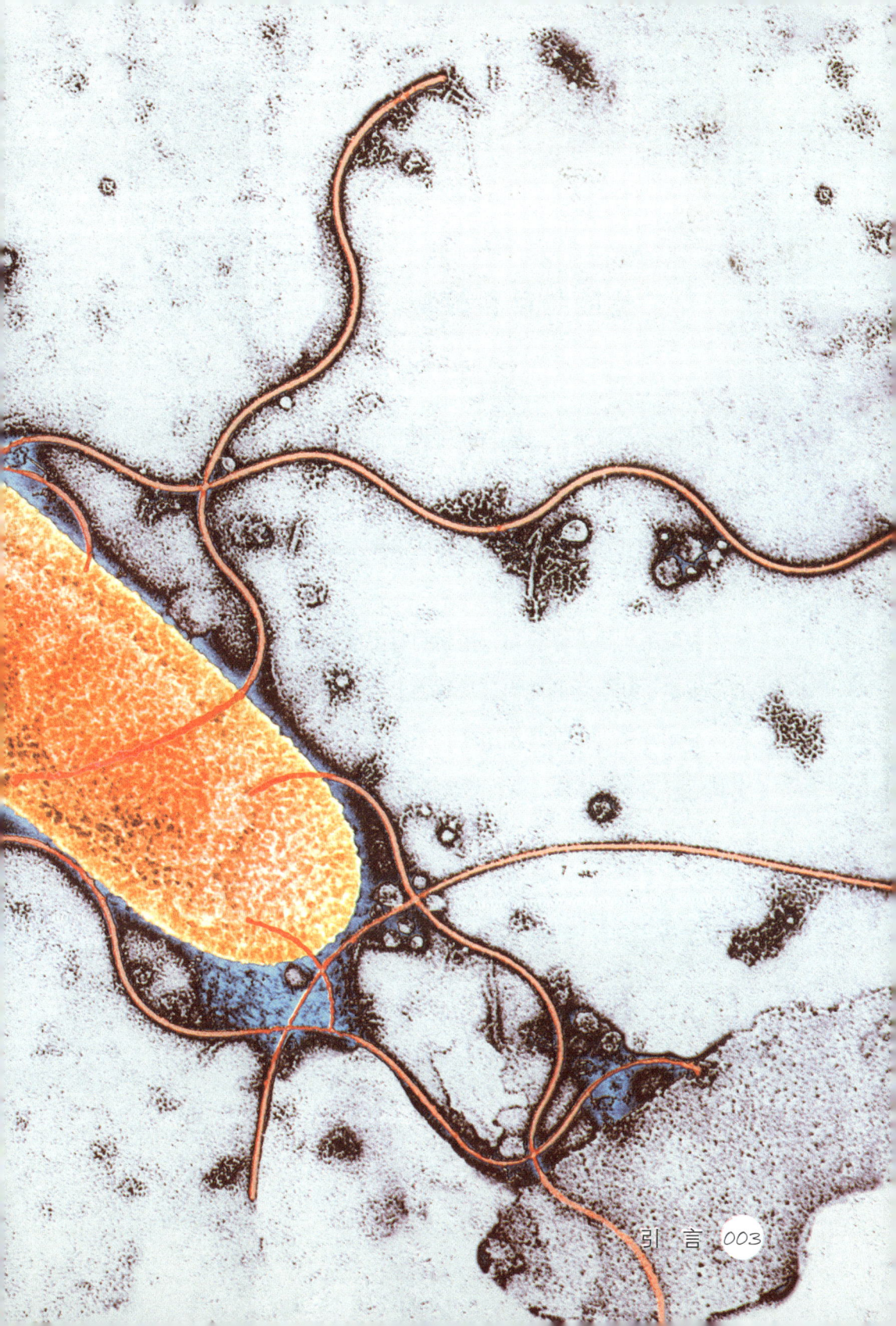

克隆细菌和植物

科学家已开发了一种自然过程,即通过移植少量的"外来"DNA(脱氧核糖核酸)到一个细菌上,并让它繁殖出更多的DNA副本用于研究。

克隆植物也非常容易,植物的每个细胞都有产生整个新生物的能力。从植物上取下一段茎或一片叶子,甚至是细胞的一个样本,并给予其适宜的生长条件,就会培育出新的植物。

克隆动物

由于克隆动物违背了自然规律,因此其发展一直以来举步维艰。20世纪50年代至60

▲ 这是多莉的一张照片，当时它还是只小羊羔，正在和自己的妈妈走在一起。这只世界上最有名的羊是从它妈妈的乳腺细胞里克隆的。

年代，科学家就尝试克隆蛙，并取得了很大的成绩。1984年，来自英国剑桥大学的研究者成功地从一只羊的胚胎细胞中提取细胞核，再植入到一个空卵细胞里，最终繁殖出了一个与原胚胎细胞一样的复制品。这一进程揭示了有关动物细胞的重要信息。不像植物细胞，动物细胞若离开自身，就没有繁殖整个生物的能力，但是人们可以在实验室里对它们进行操作，使它们也能同植物细胞一样。已分化的动物体细胞的细胞核也具有全能性。

克隆羊多莉1996年诞生，1997年首次公开亮相。多莉是用一个成年羊的体细胞而不是胚胎细胞克隆出来的。很明显，这一步标志着科学家可以克隆任何一种动物，甚至人类。

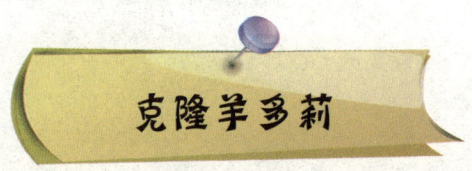

1997年克隆羊多莉出现在世人面前，然而为什么要克隆它呢？科学家提取了一个体细胞，然后将这个细胞注入一个胚胎中，随之一个新生物诞生了。将此技术运用在动物上，在世界各国引起了震惊。克隆多莉是用乳腺上皮细胞（体细胞）作为供体细胞进行细胞核移植。因为羊是哺乳动物，这样就可以假定同样的克隆技术能够用于人类。

▲ 科学家通过克隆技术能让像玛丽莲·梦露这样的明星重返到现实生活中吗？

对克隆的关注

克隆多莉进行了277次实验,可见克隆它的困难是显而易见的,因此对它的关注越来越多。克隆人确实难以接受,然而有人很有可能会想方设法克隆人。人们很可能会克隆名人或伟人——甚至已逝去的人。他们很可能会设法"拷贝"自己或克隆死去的孩子或自己所爱的人。一旦成功克隆了人,该技术该如何控制呢?

克隆的优点

对克隆的恐惧之声掩盖了克隆所产生的优点。对于不能产生卵子或精子的人们而言,克隆技术则可解除那些不能成为母亲的女性的痛苦。克隆的胚胎向人们提供了细胞储备,为婴儿的发育提供了可能性。为了衡量克隆的利弊,了解基础科学显得尤为重要。

科学生涯

斯蒂恩·维拉德森毕业于丹麦哥本哈根皇家兽医学院,他在那里获得了兽医学和生殖生理学学位。后来他成为英国农产研究所的一位研究员,从事生殖生理和生物化学研究。

一日掠影……

维拉德森博士研发了一种冷冻、储存和融化牲畜胚胎的方法。他也发现了一种类似胶状物的物质,这种物质被称为琼脂,它能保护胚胎存活而不受伤害。这些新技术是克隆的根本,1984

年维拉德森运用此技术克隆了第一只农场动物。随后,他又克隆了一头牛,并从事嵌合体的研究,即把不同的胚胎细胞结合在一起。他用这种方法培育出了具有绵羊和山羊、绵羊和牛特征的动物。

斯人斯语……

"科学家的作用就是打破自然规则,而不是建立,更不用说接受它们。"引自吉纳·科拉塔的《克隆》。

第一章 关于细胞

细胞生命

　　生物的最基本单位是细胞,所有生物,从细菌到昆虫,再到植物和人类,都是由细胞组成的。一些生物,如变形虫和所有的细菌,是单细胞生物,而狗、马以及人类等较复杂的生物,是多细胞生物。

21 克隆
st CENTURY SCIENCE

▲ 人体血液中的红细胞含有红色素、血红蛋白，并且给人体输送氧气。白细胞数量少，但它们在人体的免疫反应中起着非常重要的作用。

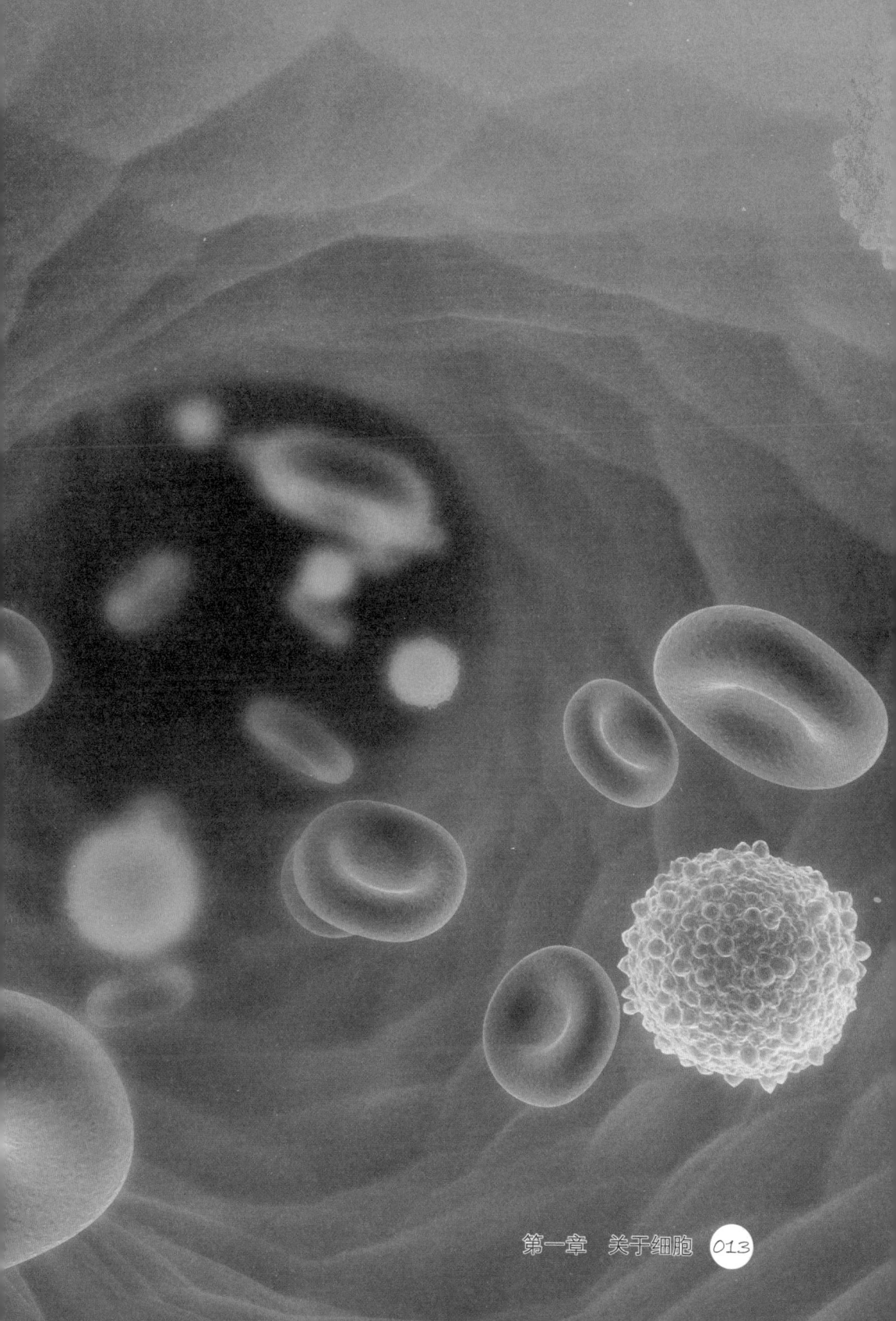

第一章 关于细胞

发现细胞

细胞很小,最大的细胞——人卵细胞——直径仅有0.1毫米。英国科学家罗伯特·胡克(1635—1703)用自制显微镜进行观

▼ 这是计算机展示的DNA分子模型,是由双链骨架扭成双螺旋。带有遗传信息的DNA片段称为基因,基因实际上就是DNA大分子中的一个片段,可对人体的遗传信息进行编码。

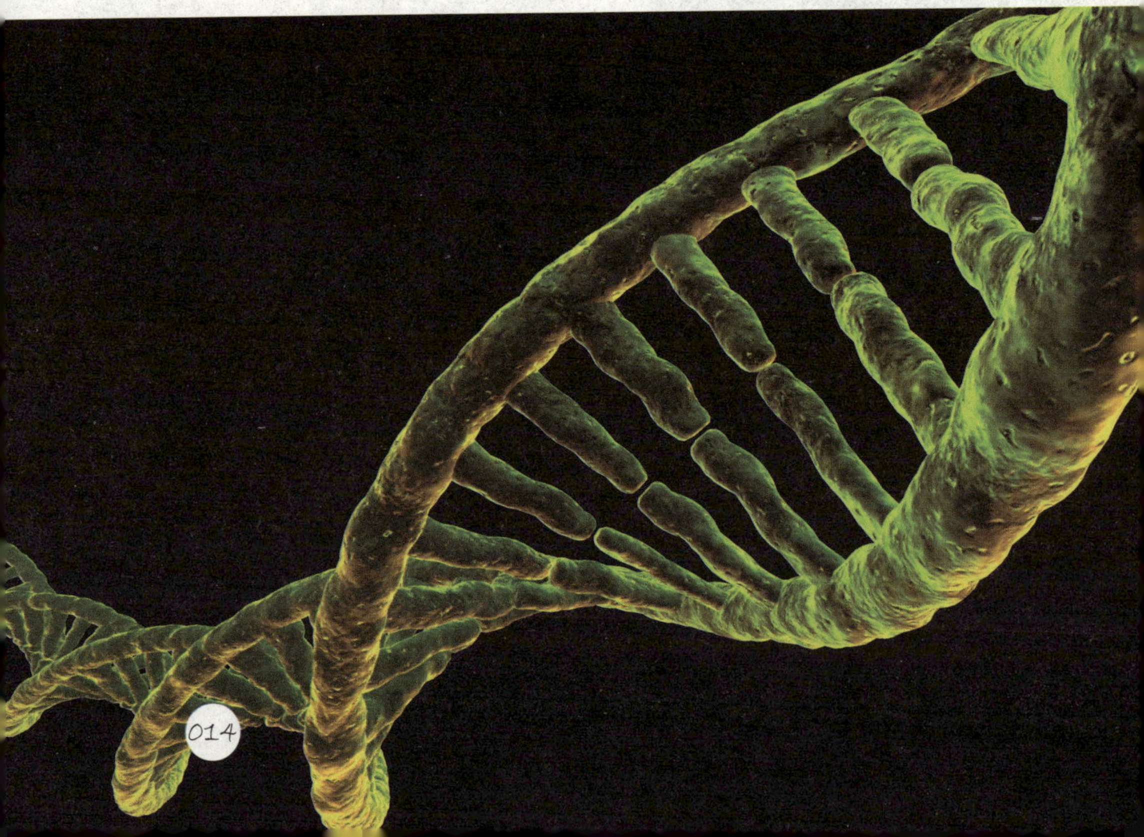

察，发现了细胞。直到19世纪，随着能给细胞着色技术的发明，研究者对细胞是如何繁殖才有了更多的了解。

医院里的细胞学家用显微镜观察病人身体的细胞，帮助医生诊断疾病。若病人感染了细菌，如患了肺炎，就需要提取他们细胞的样本进行检测，看看到底属于哪种感染。检查结果能帮助医生开列合适的抗生素，同时，细胞还可用于治疗（如通过输血将红细胞注入失血者体内）或制造医用产品。白细胞用在骨髓移植能提高白血病患者的免疫能力。

新发现

干细胞的发现推动了细胞治疗。细胞治疗就是利用患者自体(或异体)的成体细胞(或干细胞)对组织、器官进行修复的治疗方法。细胞治疗为受损身体修复和再生提供了可能。克隆是生产干细胞的一种方法，它可与个体配对，且不必担心排斥。

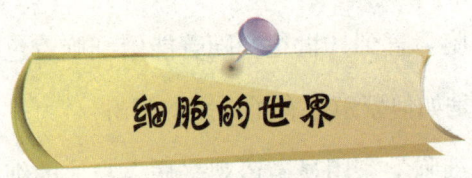

细胞像一个工厂,承载着诸多不同的工作,以保持有机体的正常运行。细胞核发出命令。线粒体是"动力工厂",它结构微小,细胞的燃料(葡萄糖,来自食物)转化为能量。在溶酶体或过氧化物酶中有回收装置,溶酶体或过氧化物酶可以分解失去功能或受损伤的酶分子。

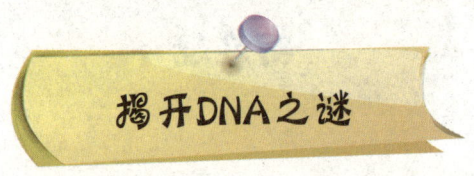

如果在高倍显微镜下观察人体细胞,它的中央核清晰可见。人体细胞除了红细胞外,还拥有一个由46种染色体组成的细胞核,染色体本身又由DNA染色体丝构成,这种染色体丝在所有细胞中都是相同的。这些染色体由缠绕在蛋白质分子支架周围的DNA分子组成。DNA分子像一长串珠子,每个珠子代表着一个化学代码。人体的这串珠子接近2米长，在每个细胞的细胞核里有23对染色体。

DNA的分子主要功能是长期性的资讯储存——以人类基因组结构排列顺序，约由3万个基因组成。每个基因包含着一种蛋白质分子的"密码"。细胞中蛋白质的大部分是酶，酶是一种生物催化剂。生物体内含有成百上千种酶，它们支配着生物的新陈代谢、营养和能量转换等许多催化过程，如分解葡萄糖成为能量，或帮助细胞制造特定的身体化学品（如黑色素、色素），为皮肤提供颜色。

几乎每时每刻，构成人类基因组的大约3万个基因都不是全部表达的，大多数细胞一般情况下只有10%的基因处于表达阶段。基因可开启，也可关闭。在脑细胞中，黑色素基因就是关闭的，但大脑的使者——神经递质基因——则是开启的。在皮肤细胞中，黑色素基因则是开启的，但神经递质基因则是关闭的。总而言之，区分不同类型的细胞要看在基因组开启或关闭的模式。所有细胞都有一个基因组副本，但基因活动模式不同。

课题研究：

人类基因组计划

研究内容： 人类基因组计划的主要目标是鉴定人类DNA的所有基因，测定30亿化学碱基对的排列顺序，这个排列顺序组成了人类DNA分子。

研究团队： 人类基因组计划由美国能源部和国立卫生研究院于1985年率先提出。英国威康信托基金会的科学家和来自日本、法国、德国、中国的科学家共同参与，使其成为一个真正的国际协作的产物。

研究过程：把人类捐助者的DNA用酶分裂成更小的片段。被称为DNA排序机的自动机器被用来算出这些片段中碱基对的顺序，计算机被用来匹配碎片重叠的两端，以及把序列连在一起。

研究结论：据人类基因组计划说，指导蛋白质合成的基因只有约3万个，并不像人们所认为的10万个。为了发现治愈疾病的新疗法和更好地了解人类生物学，对基因本身和其功能的研究仍在继续。

细胞如何增殖

细胞增殖是生物体重要的生命特征，细胞以分裂的方式进行增殖，通过分裂细胞产生细胞。这个比较简单，因为细胞的自我复制就是让另外一个细胞完全相同。这一非凡的能力能使一个细菌变为两个细菌，生物体在生长和发育的过程中，如果受到损伤，则可进行自我修复。

细胞分裂

细胞分裂是活细胞繁殖其种类的过程，是一个细胞分裂为两个细胞的过程。分裂前的细胞称为母细胞，分裂后形成的新细胞称为子细胞。一般包括细胞核分裂和细胞质分裂两步。有丝分裂是真核生物进行细胞分裂产生体细胞的过程。首先，细胞分裂前期，最明显的变化是细胞核中出现染色体。亲代细胞的染色体

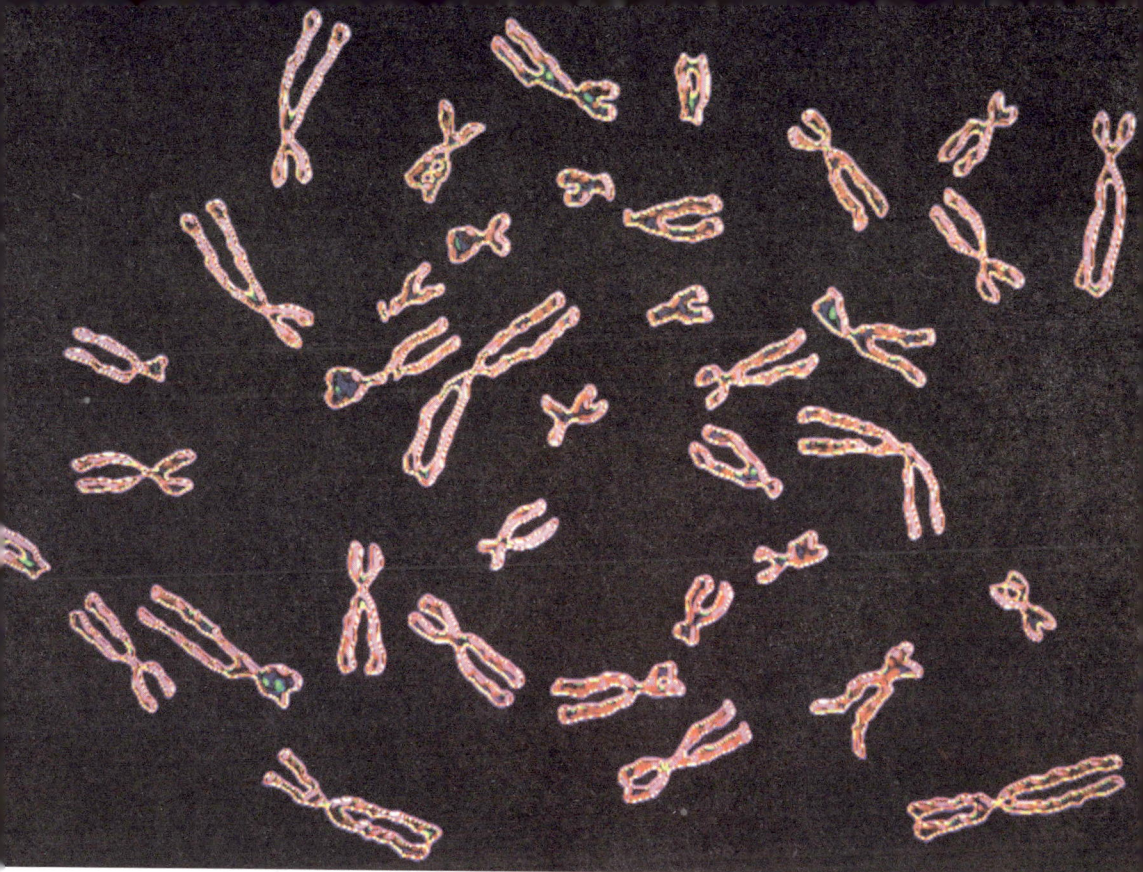

▲ 人类染色体每个都有两条相同的染色单体在中间相连，一些有短臂，一些有长臂。

要经过复制，这点很重要，因为染色体以DNA的形式包含基因物质——细胞的蓝图。随后细胞分裂成两个，精确地平均分配到两个子细胞中去。细胞有丝分裂每20分钟进行一次，数量以每次两倍的速度迅速增加——1，2，4，8，16，32……若未受到抑制，让其不断增加，细菌就会吞没地球。但是，细菌是活生物体，它的存活需要食物和空间，因此许多细菌在未进行自身繁殖之前会因缺乏给养而死。

细胞的变化

在生物体里，包括人类，细胞的有丝分裂是相似的，但发生的频率较少。比如，胃壁细胞每三天分裂一次，皮肤细胞每两天分裂一次，脑细胞在任何时候几乎不分裂。婴儿在子宫里发育时，细胞分裂非常迅速，但这时它们不像细菌那样准确地复制自己。相反，它们有些差异，也就是说，它们从干细胞变成了更多复杂的细胞，这种变化是通过开启基因组上的各种各样的基因来形成的。理想状态下，损坏的细胞不能分裂繁殖自己了，取而代之的是，由于开启了某种特定基因，它们采用了"细胞凋亡"的自杀形式。

▶ 这是实验室里人类胚胎肾细胞在进行有丝分裂。

科学生涯

伊玛·克拉克博士拥有爱尔兰都柏林大学圣三一学院生物化学学士学位，以及细胞生物学博士学位。她曾在美国华盛顿州西雅图从事骨髓移植研究，在英国国家血液服务机构工作，现在在一家干细胞研究公司从事研究工作。

一日掠影……

克拉克博士从处理大量的邮件开始一天的工作，邮件中大约有40封涉及的是技术人员和顾客所提出的问题。随后，她会在

21 克隆

实验室工作4—5个小时。她需要撰写实验报告，计算细胞并且确定它们形状上的细微变化。公司研发的产品和服务就是协助免疫学、血液学和癌症等方面的研究。

斯人斯语……

"我喜欢我工作的变化多端，喜欢去实验室做实验，并不时地有所新发现，从我从事的研究中获取的知识有助于病人的治疗，有助于新药的研发，有助于在实验室培训人们应对疾病。"

细胞、组织和器官

人体由各种器官组成,如大脑、肺、肝、胃等。由多种组织构成的能行使一定功能的结构单位叫做器官。器官的组织结构特点跟它的功能相适应。

制造器官

单细胞生物细菌能用来加工食物,产生能量,它随着生物细菌环境的不同而变化,这种变化对于复杂生物体是根本不可能的。举例来说,植物有非常明显的结构,即根、茎、叶、(也许还有)花,它的细

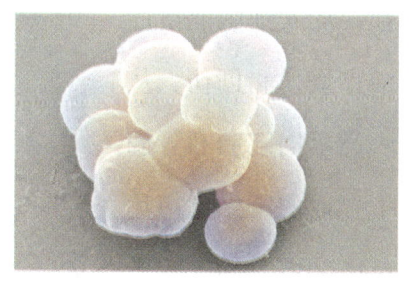

▲ 从脐带血中提取的干细胞,它们能变成红血细胞或多种白血细胞中的一种,组成免疫系统。

第一章 关于细胞 025

胞必须在不同的组织和器官里协同工作。大多数动植物都是多细胞的。早期人类胚胎类似一个细胞球，随着胎儿的发育和新生儿的降生，形成不同种类的细胞，这些细胞组织结合在一起，形成身体的不同器官。

修复受损细胞

当一个组织或器官被损伤或毁坏后，可采用的办法就是补充新的细胞对其进行修复。问题是怎样才能获得这些细胞，它们能否如原有细胞起作用，或者它们是否能够首先长成组织。克隆为修复细胞提供了可能性。皮肤细胞能帮助治疗烧伤和创伤。从人类早期胚胎和骨髓上提取的干细胞应用范围甚广，如治疗受损的心脏组织或修复脑损伤。

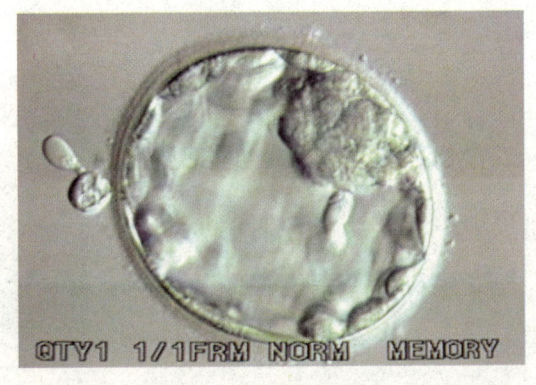

▲ 这是一个4—48小时的初期胚胎，只有0.1毫米。

研究内容：通过移植干细胞能治疗白血病，但T细胞的免疫细胞在移植中可能会引起移植物抗宿主病。另一种免疫细胞——自然杀伤细胞——则不存在这个问题。因此，寻找自然杀伤细胞的来源是治疗白血病的根本。

研究团队：帕特里克·茨维德尔-麦凯博士和他的研究团队，他们来自美国得克萨斯大学安德森癌症中心。

研究过程： 脐带血含自然杀伤细胞。在实验室里，脐带血的自然杀伤细胞3个多星期就能繁殖30倍，但需用物质进行处理让其存活。一个单位的脐带血能产生超过150万个自然杀伤细胞。过去有关脐带血产生足够自然杀伤细胞的尝试未能成功。

研究结论： 对患有白血病的小老鼠进行测验，发现脐带血的自然杀伤细胞削减了60%—85%的循环肿瘤细胞。下一步就是人类的临床试验，人们期望自然杀伤细胞用于癌症患者而无需化疗，至少能提供给那些已经有一次移植的病人。

第二章　克隆和DNA

自然克隆过程

对园艺感兴趣的人对克隆都有所了解。植物的根、茎、叶等经过压条、扦插或嫁接等方式产生新个体。克隆一词来源于希腊文，原意是指以幼苗或嫩枝插条。在这个过程中，"子"通过无性繁殖由单个"母体"生产。人类和许多动物的繁殖被称为有性繁殖，有性繁殖是由父母双方的细胞共同参与的。

克隆

什么是克隆？

克隆是指产生一个生物体的新副本的行为（克隆灌木），或指克隆自己（棕榈树是一种克隆）。克隆的生物体与它的父母基因型完全相同，有同样的基因和DNA。克隆的生物体细胞具有全能性——每个单一的细胞都可以发育成一个完整的生物体，但不能被自然克隆的生物体细胞不能以这种方式改变。

▼ 新生儿中每250个人里仅有一对是同卵双胞胎。

双胞胎的产生

当一个受精卵分裂变为两个受精卵,发育成同卵双胞胎时,这就是人类的克隆过程。这种分裂产生的孪生子具有相同的遗传特征,有相同的DNA,但他/她们在子宫里发育时,也会有细微的不同,主要表现在外貌或指纹这些特征方面。同卵双胞胎在基因上与自己的父母有差别。由两个卵细胞同时由两个不同的精子受

精,并发育长大成两个胎儿者为异卵双胞胎,这些双胞胎不是克隆的,并且平均只有他/她们父母基因的50%。他/她们与自己的兄弟姐妹在基因上是相同的。

克隆植物

就植物而言,克隆来自自身。例如,当一株草莓伸出纤匐枝时,它的根就会扎在附近,新的草莓根就会长出来。新长出的草莓是原草莓的复制品。千百年来,农民和园艺工已发明了多种方法协助植物繁殖。

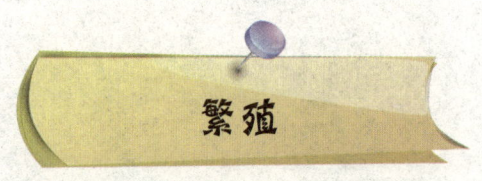

繁殖

从植物上切取的叶子末端有大量未特化的细胞,这种细胞被称为愈伤组织。把摘取的叶子种在土壤里或插到营养液里,很快

▼ 图中园艺工正在从长势良好的杂色冬青树的一边割取一根嫩枝。割下的新植物会生长，这个新植物就是母株的克隆。

就会繁殖出更多像根和茎这样的特化细胞，长成一个新的植物。这是克隆的另外一种类型，被称为无性繁殖。

克隆植物的另一种方法就是组织栽培，这一方法已用于栽培曾获奖的兰科植物和名贵花卉。提取一个根细胞，让其在适宜的环境下生长，细胞经过去分化过程，恢复到愈伤组织阶段。如果植物接触到各种植物激素，那么它们就会变成植物克隆，克隆的植物和原植物完全相同。

通过组织栽培增长世界粮食供应是令人失望的，因为大米、谷类植物进行组织栽培已证明是较难的，但未来不再使用组织栽培种植植物或再生植物，是没有科学道理的。组织栽培技术含量低，得到了广大种植者的认可，如越南北部的农民已使用组织栽培种植了300万株马铃薯，其技术由秘鲁的国际马铃薯中心提供。

研究内容：世界上有多达10万的植物种类面临着灭绝的危险。千年种子库（位于英国的萨塞克斯郡）的成立就是为了专门保存植物物种——克隆的基本生物原料（包括种子、花粉、孢子）——以挽救这些宝贵的植物。

研究团队：英国皇家植物园邱园的研究者们和世界各地的50个合作者。"基尤（KEW）千年"种子库位于英国萨塞克斯郡的维克赫斯特庄园。

研究过程：这些来自世界各地的种子都必须经过严格的收集、筛选、分类、清洗、干燥、贴标签，以便它们能够在较长的时间之内不变质。这些种子储存在温度为零下20摄氏度左右的地下室内，以保证其活性和新鲜程度。诸多项目都需要这些种子，其中就涉及通过克隆繁殖植物。种子克隆是为了用于科学研究或为了重建已遭破坏的植物繁殖地。基尤的科学家正在为去偏远的印度洋查戈斯群岛做准备，以便探究岛上的植物需要何种保护，种子银行又能提供怎样的帮助。到目前该岛已有30多年植物学家没有涉足了。

研究结论：千年种子库已经存储了超过10%的世界已知植物，它的目标是到2020年增加到25%。

克隆动物

一些动物能自然地克隆自己。实验表明一个胚胎可分裂成两个，这个过程就是克隆。然而，将一个细胞培育成一个完整的生物体有时是非常困难的。自19世纪以来，科学家一直在探寻是否所有的细胞都携带着一个生物体的全部"身体计划"。就植物而言，看起来就像一片叶子的细胞带着这个"计划"并且很自然地进行繁殖，但许多动物却不能这样，例如，没有人能够仅用狗毛克隆出狗。

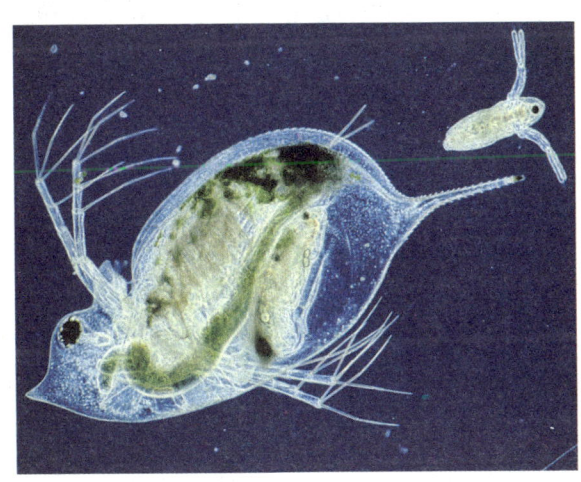

◀ 一个刚出生的水蚤自由地浮在水面上。这是单性生殖的一种形式，单性生殖就是没有雄性的受精，雌性水蚤的胚胎仍然可以发育生长。

第二章 克隆和DNA

单性生殖

某些动物未受精的卵子在特定环境中,可发育成成体动物。其中包括蠕虫、小型无脊椎动物,以及一些鱼类和蜥蜴。这个过程称为单性生殖。实验表明,海胆和鲵的细胞分裂成两个胚胎,产生两个一样的个体。但研究者想探明运用"陈旧细胞"是否会依然保留原样。1962年,英国牛津大学动物学系研究员约翰·格登将非洲爪蟾未受精的卵用紫外线照射,破坏其细胞核,然后从蝌蚪的体细胞——上皮细胞——中吸取细胞核,并将该核注入核被破坏的卵中,结果发现这个蝌蚪未能发育成成年蛙。细胞核移植的首次实验对其他科学家在未来的研究有着非常重要的意义。

▲ 1962年,蝌蚪在第一次核移植实验中,没能活多长时间就死了。

课题研究：

细胞核移植

研究内容： 1928年，鲵胚胎的核被移植到没有核的细胞里。这是第一例核移植，克隆羊多莉就采用了这一技术。

研究团队： 德国胚胎学家汉斯·施佩曼和他的研究团队。

研究过程： 施佩曼用一缕头发的核植入到新的受精卵细胞的一侧，细胞核分裂为16个胚胎，解开这个"活结"，胚胎中的一个细胞核再结合成细胞质，然后让它再变紧，断开细胞质和来自16个球状胚胎的核，于是这个细胞长成了一个正常的胚胎。

研究结论：这个实验表明，来自早期胚胎细胞的核能够控制新鲵的整个生长过程。施佩曼在他的《胚胎发育和胚胎诱导》一书中发表了他的研究结果，他在书中描述了由分化的或成年的细胞进行克隆的"奇异实验"。

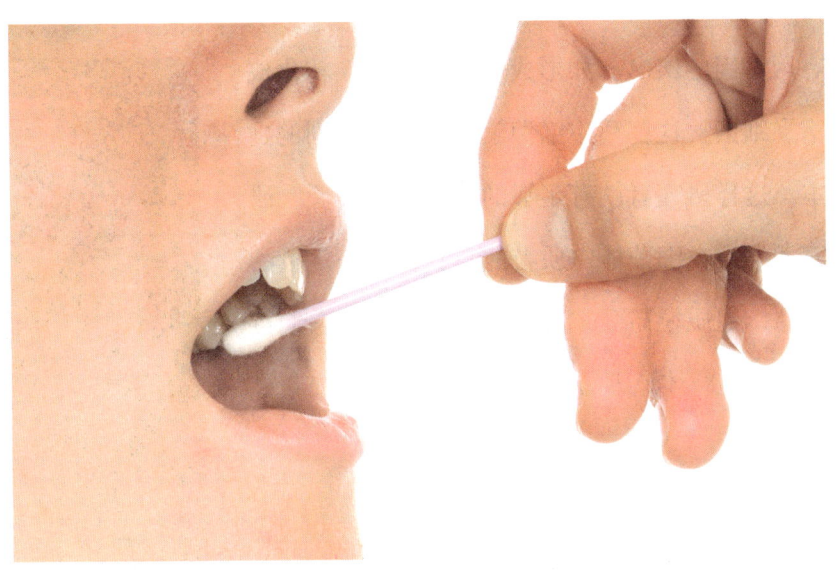

▲ 一种获取DNA样本的方法叫做腮抹试,它被用来收集脸颊内部的细胞。其他的样本可以是头发、皮肤或者血液。

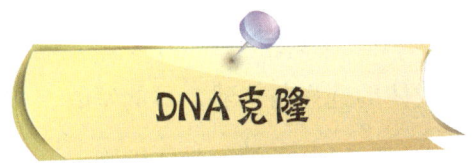

基因或者DNA克隆作为一种技术,为科学家在基因研究方面提供了很大的帮助。克隆技术就是指将外源DNA插入到运载体中,然后转入到细菌等微生物细胞中扩增到几百万倍的过程。具体方法是用小的质粒基因元素作为一种"工具",把一系列代表

有用基因的DNA，如形成肌肉的DNA，转化成宿主细菌，这些宿主细菌就会产生一系列的副本。这样研究者就有足够的DNA进行实验。研究者发现在细菌体内质粒能自我复制一定量的DNA，但质粒与余留的DNA是分离的。它们可被当做是载体，即分子工具的一种。

DNA克隆是怎样形成的？

一个完整的DNA克隆过程应包括：目的基因的获取，基因载体的选择与构建，目的基因与载体的拼接，重组DNA分子导入受体细胞，筛选并无性繁殖含重组分子的受体细胞（转化子）。一个DNA片段含有一个基因，他被从一个大一点的DNA中"抽"了出来。这个DNA片段就和有相同内切酶的质粒相混合，这意味着DNA和质粒很自然地相结合了——科学家所说

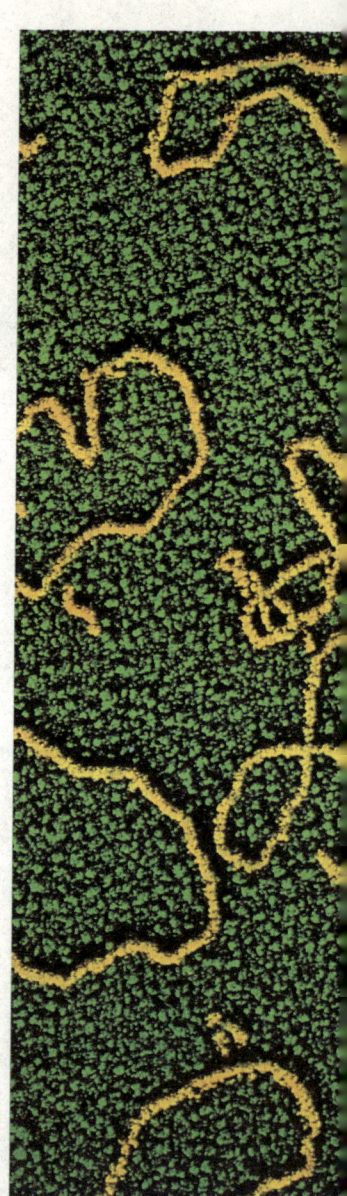

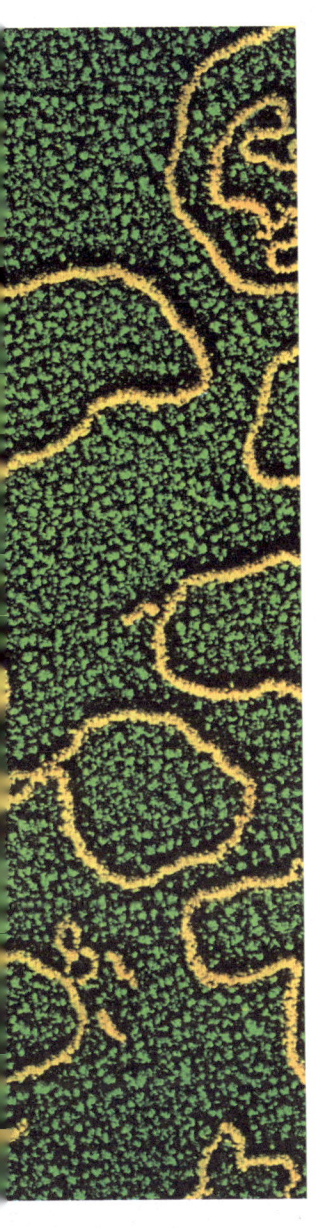

的"黏性末端"相互寻找。当它们结合在一起时，就形成了一个重组DNA分子。

解释证据

自然界中，质粒进入宿主细菌，重组的质粒开始变成宿主细菌的一部分，质粒依靠宿主细胞提供的蛋白质进行复制。一个质粒可以携带长度为2万个单位的一组DNA，或者在长度上是成对的。较大的载体包括基于酵母和细菌的人造的染色体，这些酵母和细菌的作用就是可克隆更大的超过4.5万个单位的DNA片段。没有DNA克隆技术，科学家就不能进行人类基因组工程。人类基因组工程能让科学家绘制图谱和确认构成人类基因组的3万个基因（见第18页）。

◀ 这些高度放大的质粒（黄色）是大肠杆菌上的细菌DNA。

科学生涯

凯特·彭伯顿在英国剑桥大学获得化学学士学位,并在伦敦获得仿真器官化学博士学位,后又在赫特福德大学获得生物技术硕士学位。之后她加入了伦敦医学研究委员会,从事凝血蛋白分子遗传学研究。

一日掠影……

许多年前,这个研究小组克隆了重要的凝血蛋白基因,这项研究在许多方面是凯特研究的延伸。凯特从血友病等凝血失常的病人的血液样本中提取DNA,然后查明引起这种疾病基因突变的原因。如果不克隆基因，这项研究是不可能进行的。她的工作变得越来越自动化和高产，这意味着她对血液样本的分析越来越精确。

斯人斯语……

"克隆基因只是了解疾病的第一步，最终的目的是基于对疾病分子层面上的了解的基础上获得治疗方法。这比传统的误打误撞的药物发现法要更加成功。这就是为什么克隆基因这么重要的原因。"

第三章　开创历史

克隆羊多莉的故事

　　1997年2月，克隆羊多莉首次与世人见面，这成了当年最引人注目的新闻。它的诞生在克隆技术领域里具有里程碑的意义，开启了人类克隆胚胎甚至整个动物的大门，并能产生众多医学用途。克隆技术也说明身体的细胞能够被重新"编码"，还能像胚胎细胞一样完整地保存遗传信息，这些遗传信息在母体发育的过程中并没有发生不可恢复的改变，还能完全恢复到早期胚胎细胞的状态，最终仍能发育成与核供体成体完全相同的个体。

21 克隆
st CENTURY SCIENCE

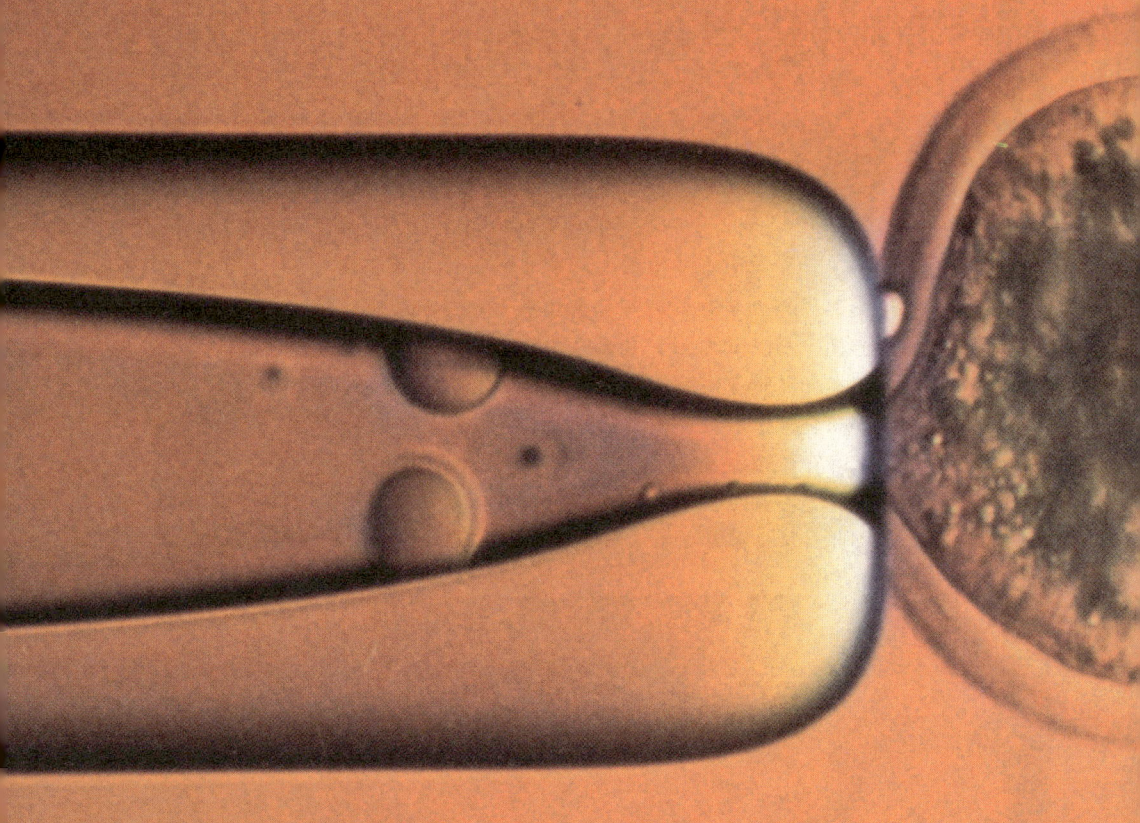

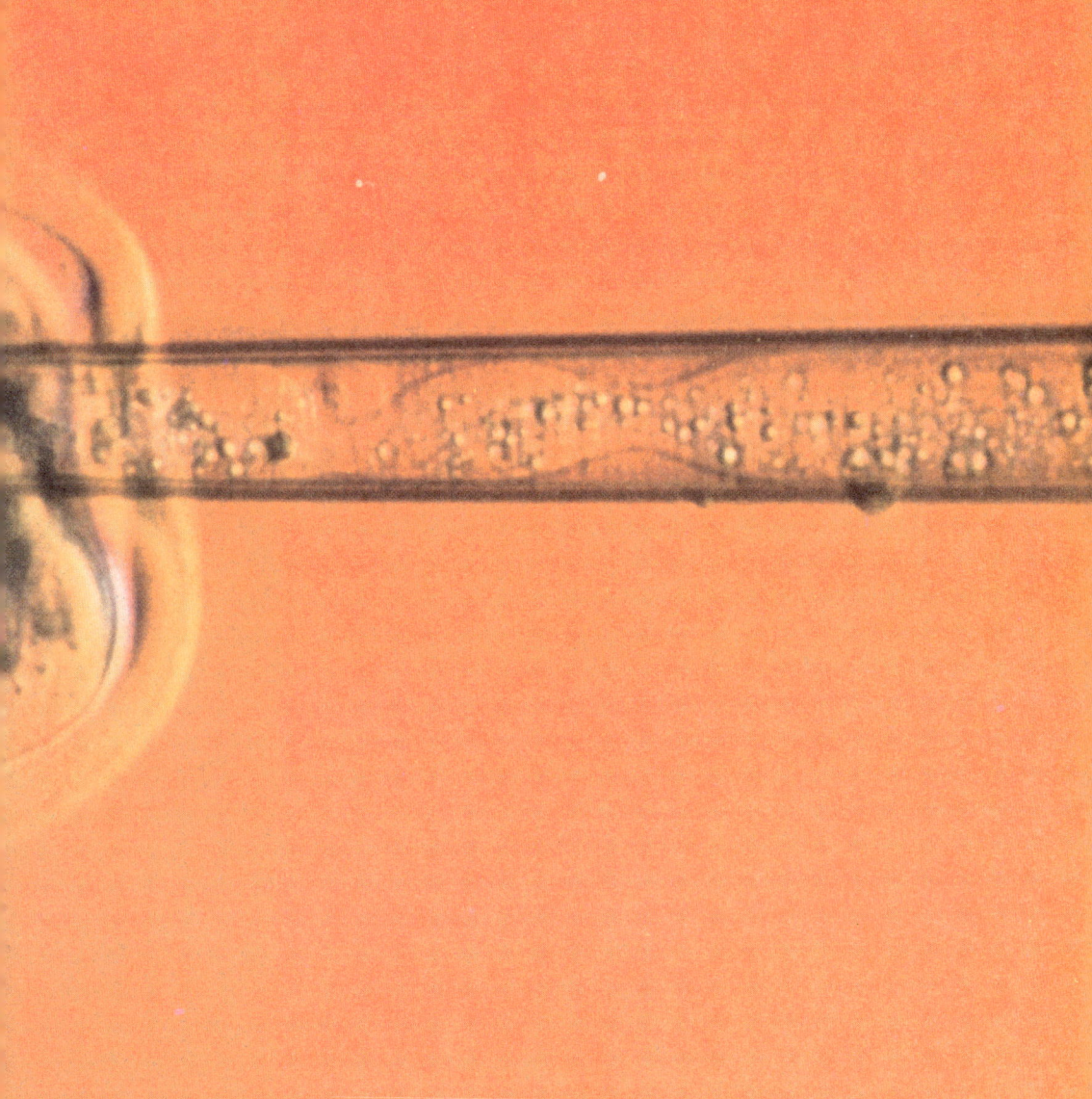

▲ 在进行绵羊克隆时，一个供体绵羊的卵子（中间）细胞核（DNA）被除去了。然后用一根微型针把另一只绵羊的乳腺细胞注入了这个空的卵细胞中。

第三章 开创历史

21 克隆
st CENTURY SCIENCE

第一次成功

在苏格兰爱丁堡附近数英里外的罗斯林研究所，研究者多年来一直在尝试克隆动物。1995年，罗斯林研究所迎来了第一次成功，他们宣布克隆绵羊梅根和莫拉格诞生。早期成功的克隆实验均使用初期发育的胚胎。梅根和莫拉格都是从胚胎克隆而来，而非使用成年细胞。研究者首先从九个月大的胚胎上提取细胞，然后注入两个除去细胞核的卵细胞中。这些注入的细胞逐渐分离，并发展成了两个胚胎。这两个胚胎又被研究者植入了其他两只"代孕妈妈"绵羊的子宫里，最后这两只"代孕妈妈"生下了梅根和莫拉格。

下一步就是克隆实验是否可使用成年细胞。在培育多莉的过程中，科学家需要三只羊。从一头苏格兰黑面母绵羊的卵巢中取出未

▼ 这两个染色体被加亮的地方就是端粒所在之处。

受精的卵细胞，并立即将细胞核除去，留下一个无核的卵细胞，此细胞称之为受体细胞。从一只六岁雌性的芬兰多塞特白面绵羊的乳腺中取出乳腺细胞，将其放入低浓度的培养液中，细胞逐渐停止分裂，此细胞称之为供体细胞。研究者给这些细胞的营养只够它们存活但不能生长和分离。之后研究者利用电脉冲方法，使供体细胞和受体细胞融合，形成融合细胞。这样这个胎儿的细胞核DNA来自于被注入的细胞，而线粒体DNA来自卵细胞。最后这个卵被植入了传统意义上被称之为多莉的"妈妈"的第三只羊的子宫里。这只羊孕育并产出了"合成"的胎儿。

多莉之后，其他许多动物，如老鼠、山羊、兔子、猫以及猴子等，也被克隆了。

成功还是失败？

尽管克隆哺乳动物是科学创举，但仍面临着很多难题。在克隆哺乳动物的过程中，只有很少移植的细胞核能够被孕育并存活到成年。此外，这些存活的克隆动物通常会出现不正常的现象。

尝试，尝试，再尝试

在1996年7月5日多莉出生前，细胞核转移的实验已尝试了277次。1000次动物克隆的尝试中，最多只有30次的成功几率，原因就是除去了细胞核的卵细胞通常和被注入的细胞不兼容，或者能兼容但胚胎不能正常分离和发育。另外，有些胚胎不能被"代孕妈妈"孕育。

多莉后来通过自然生产生下了六只健康的小羊羔，但它患了关节炎，且身体过度肥胖。在其他克隆动物的研究中，研究者发现克隆动物要比自然生产的动物大，这种情况被称为"大胎综合征"。患"大胎综合征"的动物器官大得不正常，从而会导致呼吸、循环和其他方面的问题。而一些没有"大胎综合征"的克隆动物，则会有脑部或肾的问题，这会损坏它们的免疫系统。

这些问题主要是由被注入的细胞引起的。在被注入卵细胞时，它们的基因钟缩短了，这使得被注入的细胞回到了胚胎阶段。它能正常发育吗？这些基因能在正确的时间被开启和关闭吗？

研究内容：科学家试图克隆一些作为"生物生产者"的山羊，让这些山羊生产含有治疗人类疾病的蛋白质的奶。

研究团队：研究者们来自健赞转基因公司（一家马萨诸塞州的生物技术公司）、马萨诸塞州塔夫斯大学兽医学院以及美国路易斯安那州立大学。

研究过程：克隆山羊，首先从一只40天大的山羊胚胎中提取基因材料，这些基因材料携带着代表抗凝血酶3号的基因。抗凝血酶3号是能阻止血凝结的人类蛋白质。随后，从另一只山羊身上提取一个没有细胞核的卵子，这些基因材料被植入这个卵子并被激活。激活后放置到"代孕妈妈"身体中进行孕育。这个研究团队用255个卵子创造了3个克隆体：第一个叫米拉，出生在1998年10月；另外两只是双胞胎，也都叫米拉，一个月后出生。现在这三只山羊都很健康。

研究结论：这三只克隆山羊产生的抗凝血酶3号足够对用于这种蛋白质缺乏的病人进行临床试验。这种用动物制造蛋白质的方法叫做"拼接"。高附加值转基因克隆动物的研究开发，被认为是当今动物克隆技术最重要的应用方向之一。

◀ "第二次机会"(右边),在它"代孕妈妈"的旁边。它是第一头从成年公牛克隆而来的牛犊。

多莉活了多少岁？

2003年2月，多莉因肺部严重感染而死。由于供体细胞来自一只6岁大的羊，是否多莉出生时就已经6岁了，而死的时候12岁呢？研究者试图通过检查多莉染色体的端粒探究此答案。如果染色体的端粒短就意味着细胞老化快，结果发现多莉的染色体端粒比预料的还要短，即其细胞处于更衰老的状态。这说明多莉的细胞要比正常羊老化得快，但其他克隆羊和克隆鼠的染色体要比预想的长。

当今的动物克隆

现在克隆绵羊携带着人类的基因，克隆牛和克隆赛马则是有价值的动物的复本。多莉诞生时，许多人担心科学家所做的只是在证明他们能够克隆动物。事实上，在克隆梅根、莫拉格和多莉时，罗斯林研究所研究团队就有一个清晰的目标，他们感兴趣的是基因修复或转基因。让动物携带人类基因，这样在动物的奶里能生产有治疗作用的蛋白质，这些奶能被当做药品治疗疾病。他们生产的最早的蛋白质之一是阿尔法1号抗胰蛋白酶（AAT），它可用于阻止肺气肿引起的肺组织损坏。肺气肿是一种使肺失去功能的严重肺病。

▲ 普罗莫提是世界第一匹克隆马，也是第一个诞生于核供体的动物。

　　克隆被认为是一种比较好的创造转基因动物的方法。可选择携带了人类基因的供体细胞，这样在创造人们所希望的基因胚胎时会更加有效。

　　1997年6月，罗斯林研究所宣布了克隆羊多莉的诞生。多莉的每个细胞都里携带着人类基因。1998年，美国夏威夷的研究者宣布他们克隆了20只母老鼠。后来，这个团队使用来自老鼠尾巴尖上的细胞克隆了公老鼠。他们使用核显微注射把卵子和供体细胞结合在一起。

　　美国威斯康星大学的科学家开始使用克隆技术创造大群的"精英牛"。长期以来，他们使用优质牛或者赛马的精子确保克隆的牛具有特质，如产奶量高。1986年，科学家宣布克隆牛诞生，这头克隆牛使用了小牛的胚胎而不是成年牛的胚胎。

科学生涯

戴维·威尔斯博士在苏格兰的罗斯林研究所获得了胚胎干细胞隔离博士学位,现在他在新西兰惠灵顿的鲁亚库拉研究中心主持动物克隆工程。

一日掠影……

威尔斯博士团队的贡献在于使用克隆技术保护动物。1998年,他克隆了恩德比岛牛群中最后一头存活的母牛"夫人",这是世界最稀有的动物。克隆的羊"埃尔希"已自然生育,它繁育

21 克隆

的小羊群现在生活在克赖斯特彻奇附近。目前,威尔斯博士团队的目标是更好地探究在克隆过程中,细胞是如何重新编码的。他认为动物克隆效率低的原因是进行了错误的重新编码。这个团队希望他们的研究能够让动物克隆实验比以前更少使用卵子。这样克隆技术在医学和农业中的应用能更容易被人们接受。

斯人斯语……

"我们需要更多的分子证据来决定是否有长期的转基因效果……我们需要提高供体细胞重新编码的能力……"

第四章　动物与植物

基因工程

　　为了获取奶和肉等食物，我们都曾饲养过动物。现在，基因工程能创造自然界原本没有的动物。这并不是违反客观规律，相反，基因工程可以作为人类医学的有用来源。

基因怎么工作

　　基因工程就是把一个"外来"基因注入主体生物体。胰岛素是一种激素，储存过剩的葡萄糖，它由胰岛β细胞产生。一些人出生后β细胞不能产生胰岛素或者对胰岛素有抵制，这就会引起糖尿病。糖尿病会增加心脏病、肾病、失明以及足截肢的风险。患有糖尿病的人必须每天通过注射获取胰岛素。以往注射用胰岛素取自猪的胰腺，但现在可以通过基因工程获取。

　　胰岛素是一种缩氨酸，缩胺酸是氨基酸链条相对较短的蛋白质。缩氨酸和蛋白质都可以作为药物，用来治疗缩氨酸和蛋白质缺少的糖尿病患者。如果胰岛素从动物组织中提取，就有造成污染人体的危害。例如，英国就有一些人患了一种称作克雅二氏症的致命疾病，这是因为这些患者的胰岛素比正常人少，需注射胰岛素，而供体患有克雅二氏症，克雅二氏症通过激素传染。

　　今天，动物和植物都有可能作为生物反应器获取基因工程药物。如果在羊的胚胎中注入人类基因，羊长大后，在它的奶中就可以产生相关的蛋白质药物。

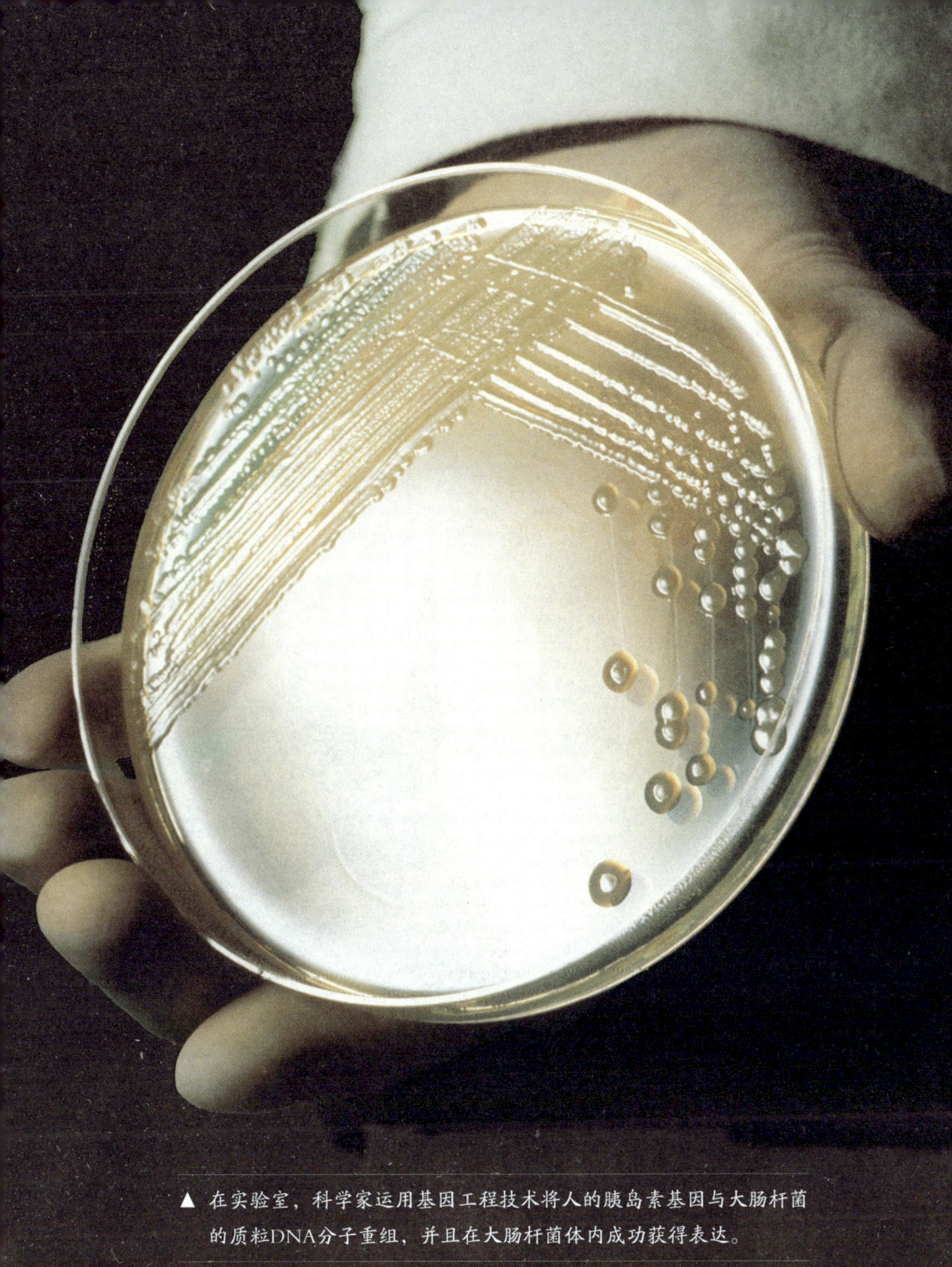

▲ 在实验室，科学家运用基因工程技术将人的胰岛素基因与大肠杆菌的质粒DNA分子重组，并且在大肠杆菌体内成功获得表达。

克隆你的宠物

如果羊、兔子和猴子能被克隆,那为什么猫和狗不能被克隆呢?也许宠物的主人可以储存他们宠物的细胞,当宠物死了以后就可以再克隆一个。

▶ 胚胎移植到猫身上,小猫诞生——这是猫科动物的体外受精。

克隆猫

1997年,加利福尼亚的百富翁约翰·斯柏林希望能有办法在他的爱犬密斯生命终结时给它留个副本。因此他在美国得克萨斯州A&M大学发起并成立了密斯普利斯帝项目。不幸的是,密斯死

克隆

于2002年,但未能被克隆。但密斯普利斯帝团队成功地克隆了一只叫"拷贝猫"的小猫。随后他们成立了一家公司,把他们所掌握的克隆宠物的知识不断地进行验证。人们可以把他们宠物的组织样本储存在这家公司,未来当克隆宠物实现时,再用这些组织样本克隆他们的宠物。有关宠物主人所关心的动物血统,其实和传统饲养没什么不同。

▼ 许多人对克隆自己的宠物很感兴趣,因为他们认为狗和猫的行为受到它们基因的影响,因此一个克隆体和它的原体在性格方面会很相似。

猫和狗

美国"创新细胞技术"公司计划克隆猫和狗（包括宠物狗和导盲犬）。这家研究公司指出，为了使导盲犬专心致志地工作，许多导盲犬在还是幼崽时就被阉割了。克隆技术可作为一种途径，克隆优秀的导盲犬，这样就可培养更多优秀的导盲犬。

为了能成功克隆宠物，研究者提取了供体皮肤上的细胞，然后繁育这些细胞使其成为"细胞生产线"，"细胞生产线"可永久性地提供供体细胞。卵子取自被阉割了的母犬。研究者发现种种障碍使得克隆狗比克隆猫更困难，因为狗的卵子变成熟需要更长的时间。

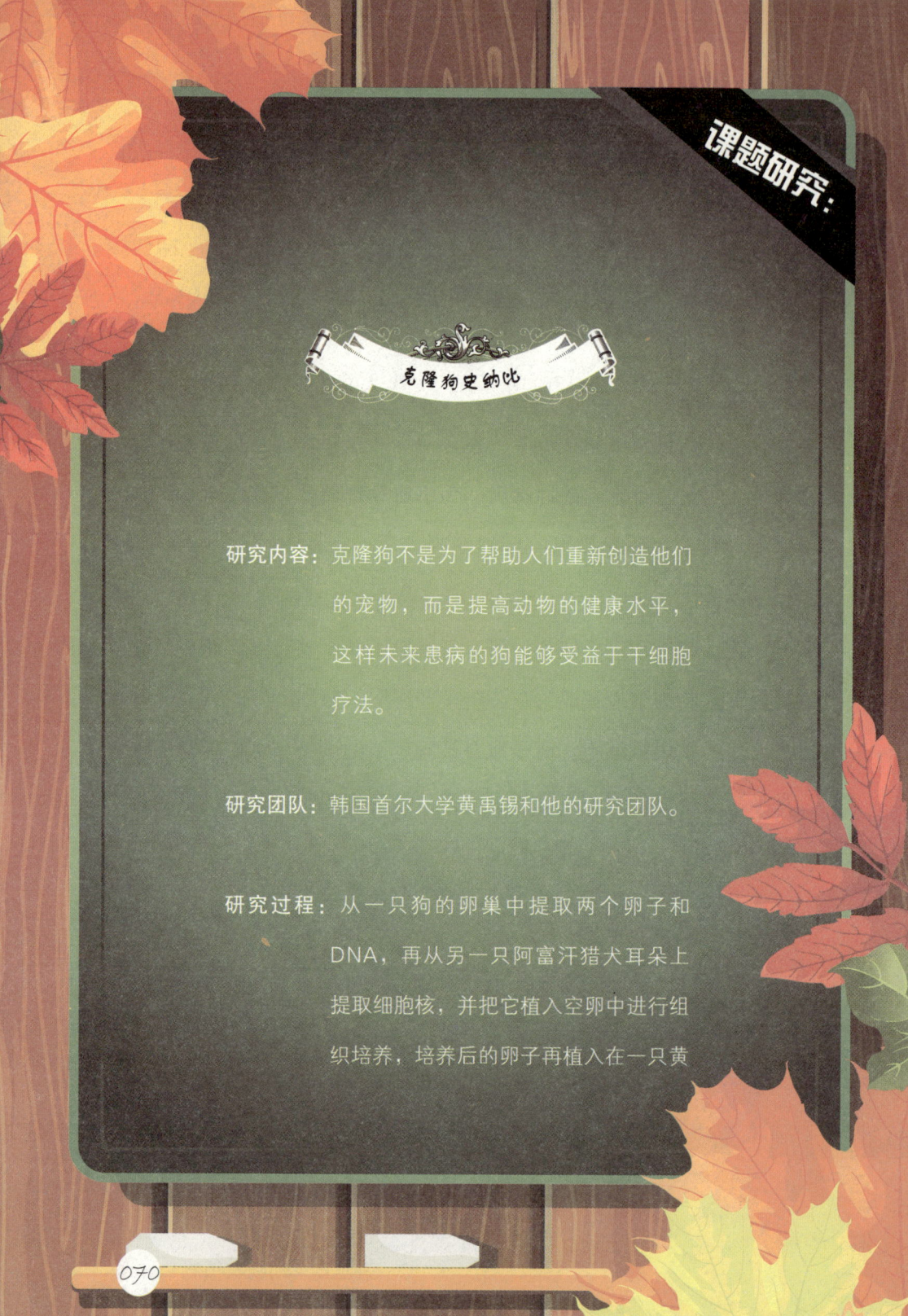

克隆狗史纳比

研究内容： 克隆狗不是为了帮助人们重新创造他们的宠物，而是提高动物的健康水平，这样未来患病的狗能够受益于干细胞疗法。

研究团队： 韩国首尔大学黄禹锡和他的研究团队。

研究过程： 从一只狗的卵巢中提取两个卵子和DNA，再从另一只阿富汗猎犬耳朵上提取细胞核，并把它植入空卵中进行组织培养，培养后的卵子再植入在一只黄色的拉布拉多"代孕狗妈妈"的体内。研究者在"代孕狗妈妈"体内做了123次实验，2005年4月25日通过剖腹产诞生了两只小克隆狗，史纳比就是其中一只克隆狗，另一只23天后死了。

研究结论： 动物克隆进行得越多，科学家对克隆的过程的了解就越多，成功的几率也就越高。狗的克隆是克隆研究的里程碑。

稀有动物和灭绝的动物

生殖性克隆可以用来繁衍稀有的、濒临灭绝的,甚至已经灭绝的动物。2001年,科学家克隆了一种濒临灭绝的野牛——白肢野牛,这表明用克隆技术可拯救濒危动物。

拯救物种

世界上只有大约3.6万头白肢野牛,在过去这些年里,它们在印度、印度支那和东南亚的栖息地持续减少。一头被称作"诺亚"(以诺亚方舟命名)的克隆白肢野牛仅仅存活了48小时后,就因感染死了。然而,同一年稀有野生绵羊摩弗伦羊被克隆并成活,现在它生活在意大利撒丁岛的一个野生动物避难所里。

人们希望能克隆其他的稀有和濒临灭绝的物种,如非洲邦戈羚、苏门答腊虎和中国的大熊猫。这些实验能否成功,完全依赖于对这些动物繁殖方式的了解。一些研究主要采用的方法是把稀有物种的胚胎移植到"代孕妈妈"体内。

▲ 白肢野牛是一种森林动物,它是最大、最重的野牛。印度拥有的数量最多,因此有时候它被称为印度野牛。

21 克隆
st CENTURY SCIENCE

▲ 这只年轻的摩弗伦羊，或称为野绵羊，生活在高海拔山区。

课题研究：

野生山羊重生

研究内容：比利牛斯野山羊在2000年被宣布已灭绝。所幸的是科学家在最后一只比利牛斯野山羊西莉亚死之前，收集了它的皮肤样本。

研究团队：何塞·福尔切博士来自西班牙阿拉贡食品技术与研究中心，他的同事们来自马德里国家农业和食品研究所。

研究过程：用克隆多莉相似的技术，科学家们用来克隆野生山羊，把野生山羊组织的DNA

注入圈养山羊的卵子中。在培育的439个胚胎中，把57个植入"代孕妈妈"体内，有7个怀孕，但只诞生了1只。这只克隆的野生山羊因呼吸困难仅存活了7分钟。

研究结论：从这个实验中可以获取很多有关克隆野山羊的经验。这个实验的失败也许是由于DNA保存的缺陷所致。未来复兴灭绝物种的尝试也许可依赖所挑选动物基因的合成DNA。

▶ 由于受检疫限制,新樱桃树很难带入美国。因此,克隆为此问题提供了很有意思的解决方案。

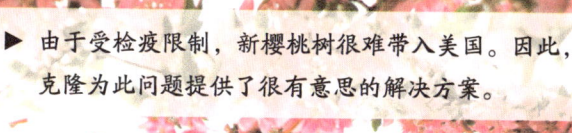

受欢迎的植物

由于总是关注动物克隆,人们很容易忘记植物克隆的重要性。由于植物克隆看起来不会对人类构成任何威胁,所以更容易成功并被人们所接受。植物克隆现在主要应用在植物园,种植有价值的树,如棕榈树和糖枫树。植物克隆也用于重新培育那些有可能枯死的古树。

自然和克隆

树木成长的过程是从种子自然地生长为苍天大树。一棵"雄"树的花粉由风载到"雌"树的胚珠上使其受精,从而形成一个种子。种子形成后,从树上掉落,落地后生根发芽,经过一段时间生长就会成为一棵成年树。

树木克隆的过程与树木自然生长的过程完成不同。树木克隆是从一棵树上截取一段树枝，移植到另一棵树上。截枝做成十字形或T字形后，随后放入另一棵树上的切槽，并紧紧地绑起来。之后截枝开始生长，从接点之上的这段截枝就会有它第一棵树的特点。另一种办法是把截枝放进带有植物生长素的生根液——一种能调节植物生长的化学物质——里。组织培养是目前最先进的克隆技术，它包括从一棵树上提取细胞，然后把这些细胞放在培养液里，让这些细胞生长成为克隆的原型。

樱桃树克隆

形形色色的克隆技术已经使用了很长时间，并且在逐步地完善。目前，克隆技术也被用于再造樱桃树，这些克隆的樱桃树生长在美国华盛顿特区国家植物园中。克隆这些樱桃树是很有必要的，对外来物种，美国有严格的检疫限制，这样可以防止进口树木所携带的疾病，但同时也妨碍了樱桃树的进口。克隆则是一种很有趣的替代解决方案。

科学生涯

米妮提·马尔是一位植物保护者,她早先是一名高中生物老师,在得克萨斯州立大学获生物学硕士学位,现在在美国得克萨斯中部奥斯汀以东地区的莱迪·伯德·约翰逊野花中心工作。

一日掠影……

该中心为千年种子库项目的合作伙伴。米妮提·马尔每年要用9个月的时间四处为千年种子库项目收集种子,她的目标是为每个物种收集1万到2万颗种子。每一次收集需花费大约40个小时的

21 克隆

时间，正常情况下一个子样本需进行几年的测试，所以她需要很多志愿者的帮助。她必须井井有条，只有这样才能完成所有的数据采集工作。

斯人斯语……

"这不是典型的朝九晚五的工作，不能把今天的工作留到明天。尽管我和我同事的工作各不相同，但他们都怀有在这个领域工作需要的热情和奉献精神。"

第五章 干细胞技术

什么是细胞治疗

在运用克隆技术获取细胞源,治疗一系列疾病的研究过程中,发生了许多令人激动的事。有朝一日,治疗性克隆技术将能够治愈大脑疾病,如帕金森病或中风,或治愈心脏病。

▲ 皮肤组织细胞聚合物适用于治疗烧伤或创伤。

人体就像台机器,有各种零部件——组织和器官——组成,这些组织和器官会不时地出问题或坏死。迄今为止,医疗界只有两种治疗病体的方法:用手术切掉病灶,或用药物治疗疾病。而细胞疗法是使用身体本身的材料——细胞——去修复、治疗并让其痊愈。

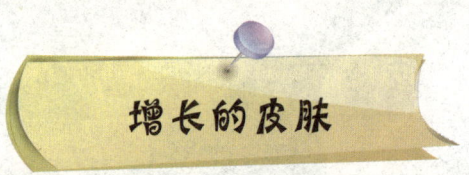

首例细胞疗法是用皮肤替代品治疗烧伤和创伤。皮肤是人体最大的器官,它是由表皮(外层)和真皮(内层)构成。表皮是由角化细胞组成,而真皮是由纤维细胞构成。虽然在实验室不可能制造出"真正的"皮肤,但现在已制造出了表皮、真皮、表皮加真皮的替代品,并已用在医院救助病人。将这些细胞粘在一起,放在可进行生物降解的聚合物里生长,这种聚合物一到人体里就能溶解成可吸收的绷带,从而形成一种组织。一个微小的皮肤样本——活组织检查——在实验室经过处理提取细胞,随后这些细胞在无菌瓶里生长并成倍地繁殖。

▼ 这张图片显示了胚泡阶段的人类胚胎,该胚泡大概有四天大,是增殖细胞的空心球体。

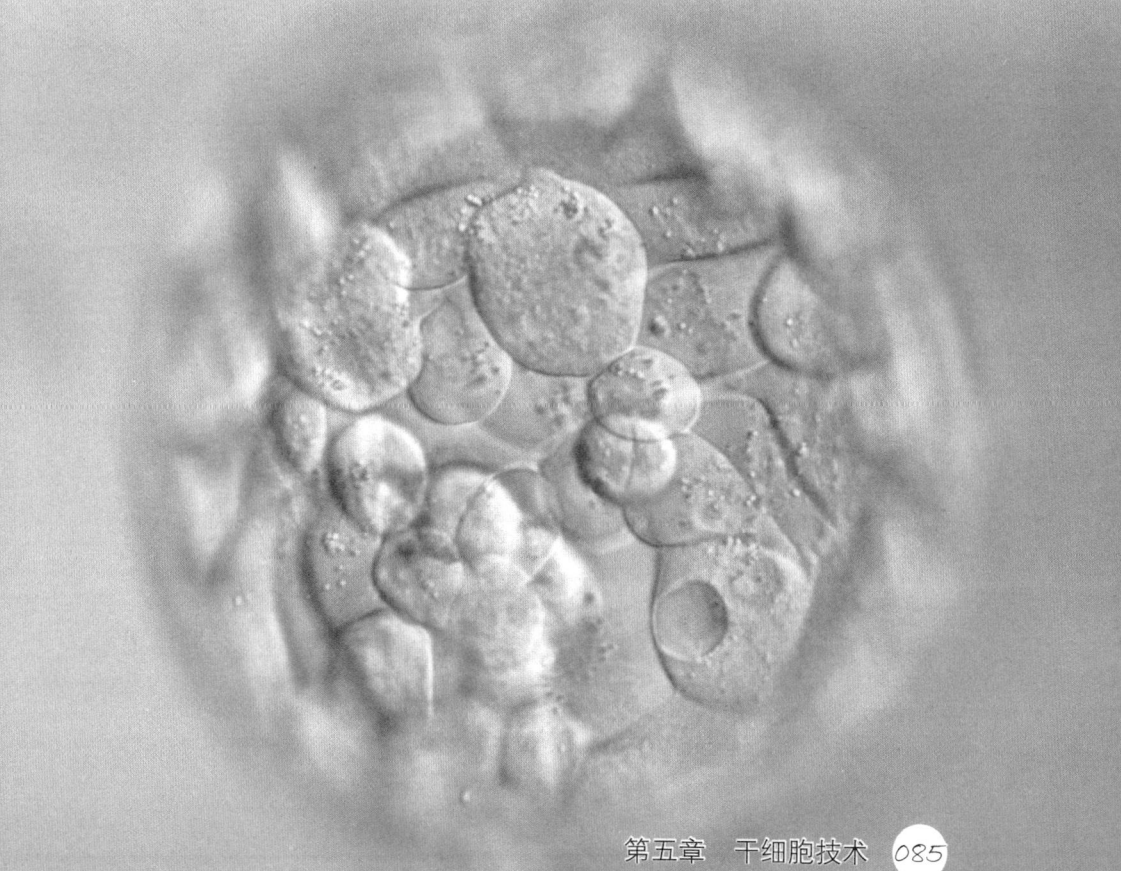

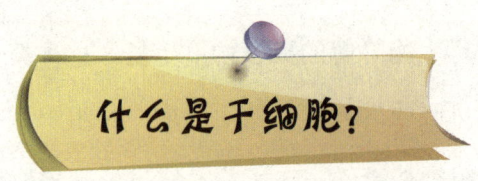

40年来,骨髓移植一直被用于治疗严重的免疫紊乱和白血病——血液癌症。骨髓是人体血液干细胞的来源。干细胞有两个重要的特性:一是可持续成倍地繁殖;二是具有可塑性,即来源于各种组织的成体干细胞事实上并未定型,一旦处于一个新的环境中,它们将有可能分化为其他类型的细胞。

人类胚胎是以大约有100个细胞的球体——胚泡——开始的。人类胚胎干细胞能够持续在人体内制造组织。1998年,也就是宣布克隆羊多莉出生仅一年后,美国威斯康星大学的詹姆斯·汤姆森领导的研究团队发现了第一个人类胚胎干细胞系。这些细胞已显示出分化成神经(大脑和神经系统)、心脏、肝脏和血液细胞。

干细胞具有自我更新的能力，能够产生高度分化的功能细胞。干细胞按照生存阶段分为胚胎干细胞和成体干细胞。胚胎的发育中也有干细胞——4—12周期间特别丰富。胎儿组织中也已发现多种类型的组织特异性干细胞，如神经干细胞。例如，给帕金森病患者的脑内移植含有多巴胺生成细胞的神经干细胞，可治愈部分患者。在脐带、胎盘或新生儿中发现了脐带干细胞，脐带干细胞是一种血液干细胞。另外，身体的一些组织，如骨髓、皮肤、肝，甚至大脑，都有一些所谓的组织特异性或成体干细胞，这些干细胞可用于修复人体重要组织器官损伤及治愈疾病。一般来说，尽管研究表明骨髓细胞能够形成其他细胞类型，如软骨细胞，甚至有可能是心脏肌肉细胞，但成体干细胞只能分化成它的原类型细胞组织。

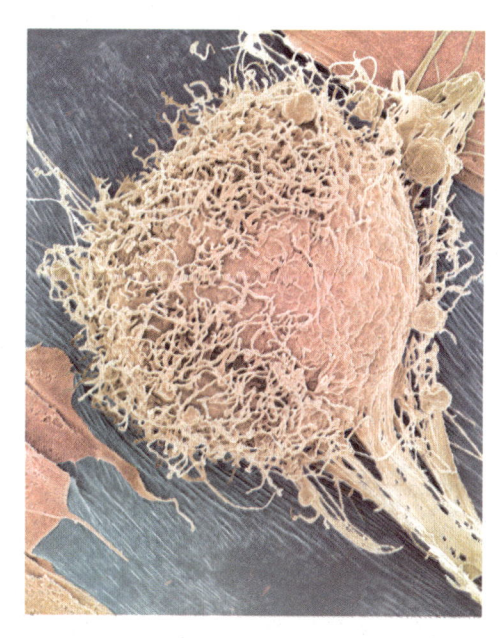

▶ 骨髓干细胞来自骨头的中空内部组织，它可制造红细胞和白细胞，还有骨髓细胞。

课题研究：

从细胞中正在生长的新头发

研究内容： 科学家试图培养头皮真皮乳头细胞，以便能使那些将要秃头的人长出新头发。比起把头发从后面移植到前面，细胞疗法会产生更好的效果，且痛苦也少。

研究团队： 杰里·库利博士来自美国北卡罗来纳州皮肤科头发中心，保罗·肯普博士和杰弗里·托伊莫博士来自英国intercytex生物公司。

研究过程： 从人的头皮进行活组织的切除（组织样

本），在实验室里培育真皮乳头细胞，然后用微型注射器注射到病人的头皮上。这些真皮乳头细胞在注射过的小块头皮上将会长出新头发。临床试验用于7人，注射100次，每次注射持续5秒钟，把真皮乳头细胞注入1平方厘米的头皮。

研究结论：头发细胞疗法是安全的，临床试验中的7个人（包括肯普博士）中有5个长出了新头发。研究团队数了数，共计66根新发。

21 克隆

▲ 这是在韩国用体细胞的细胞核移植而培育出来的首头克隆牛。

克隆和干细胞

理论上，克隆与干细胞结合能创造作为细胞源的胚胎，但迄今为止，还没有足够把握可以肯定，这些胚胎能够提供修复人体器官的细胞。然而，一旦实现，人类健康的未来前景将是巨大的。

发现供源

干细胞似乎是再生药物治疗的重要来源，但发现可靠供源仍存在诸多问题。在培养皿里培养细胞并使之成为某种所需的细胞仍面临着很大的挑战。目前，干细胞主要来源于骨髓和早期人类胚胎，这些胚胎主要源于捐赠，用于体外受精的备用。

即使可以得到这些细胞，但在使用时，也会出现具体问题，接受者的免疫系统将视捐赠者的细胞为外来者并且排斥它们。如果细胞源自病人本人，则不会产生排斥问题。

治疗性克隆

体细胞的核移植是向人们提供自己的干细胞源的一种方法。目前这只是理论设想，还未具体实施，但这就是体细胞的核移植的原理。先用微型注射器吸出体细胞的细胞核，体细胞移入去核

卵母细胞中，之后用电流或其他刺激物使细胞像普通胚胎一样分裂，细胞可分裂到大约100个。通过体细胞培养技术对该体细胞进行增殖，这些干细胞可分化为所需的任何组织的细胞，然后收集和储存以用于治疗。在随后的时间里，如果心脏病患者术后需要修复，就可使用他们自己的心脏细胞。

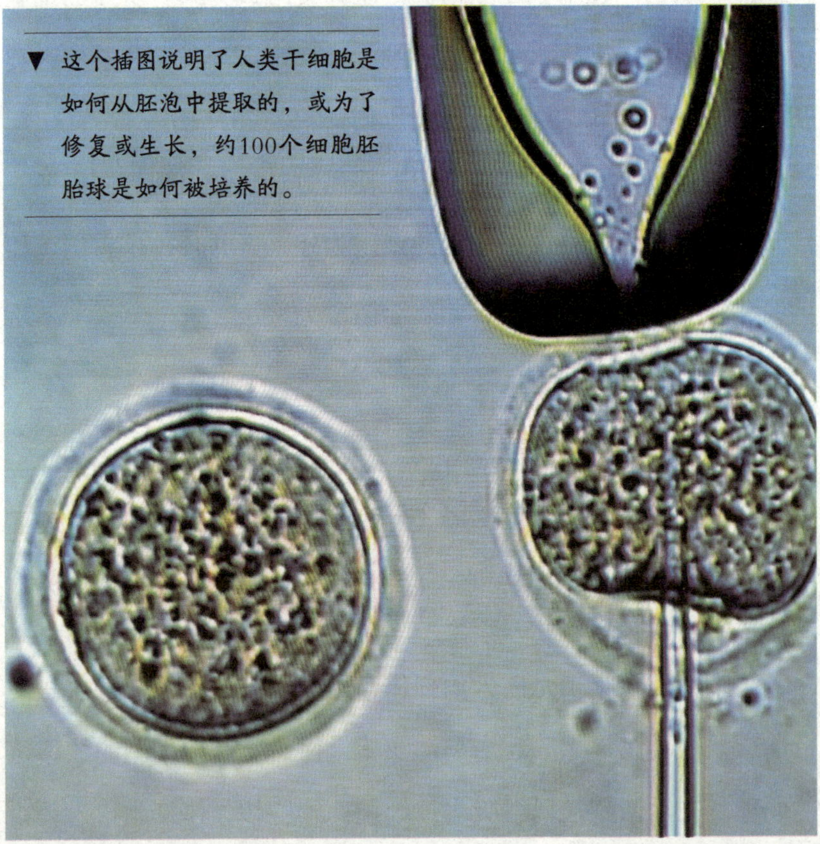

▼ 这个插图说明了人类干细胞是如何从胚泡中提取的，或为了修复或生长，约100个细胞胚胎球是如何被培养的。

科学生涯：

安东尼·霍兰德只有九岁时，就给英国儿童电视节目《蓝色彼得》写信说他的兴趣是"使人类更美好"。他在英国巴斯大学获得药理学硕士学位，在英国布里斯托尔大学获得博士学位，在美国师从于组织工程先驱罗伯特·兰格教授，后作为教授回到布里斯托尔，从事干细胞研究工作，因此而闻名于世。

一日掠影……

霍兰德研究团队制造的人工器官拯救了一个拥有两个孩子的

21 克隆

年轻母亲的生命。他们从克劳迪娅·卡斯蒂耶洛身上提取骨髓,将其转移到一个捐赠的气管,骨髓细胞和气管形成一个新的气管。卡斯蒂耶洛是有史以来接受人造气管的第一人。霍兰德希望这种方法能够用于制造其他受损器官的替代物,如膀胱和肠。目前他正致力于为聋哑病人研究声音。

斯人斯语……

"我很欣慰干细胞研究已成为干细胞学。这种治疗……证实了成体干细胞挽救生命的潜力。"

第六章　正确与错误

克隆人类

随着克隆羊多莉的问世，人们不禁产生疑问：我们会不会跟在羊的后面？这种疑问让所有人惶惑不安。这种恐慌是有道理的，因为通过提取一只羊的细胞就能克隆一只羊，那么就人类而言，一定有可能发生同样的事情。但是，克隆人的实际情况是大不相同的。

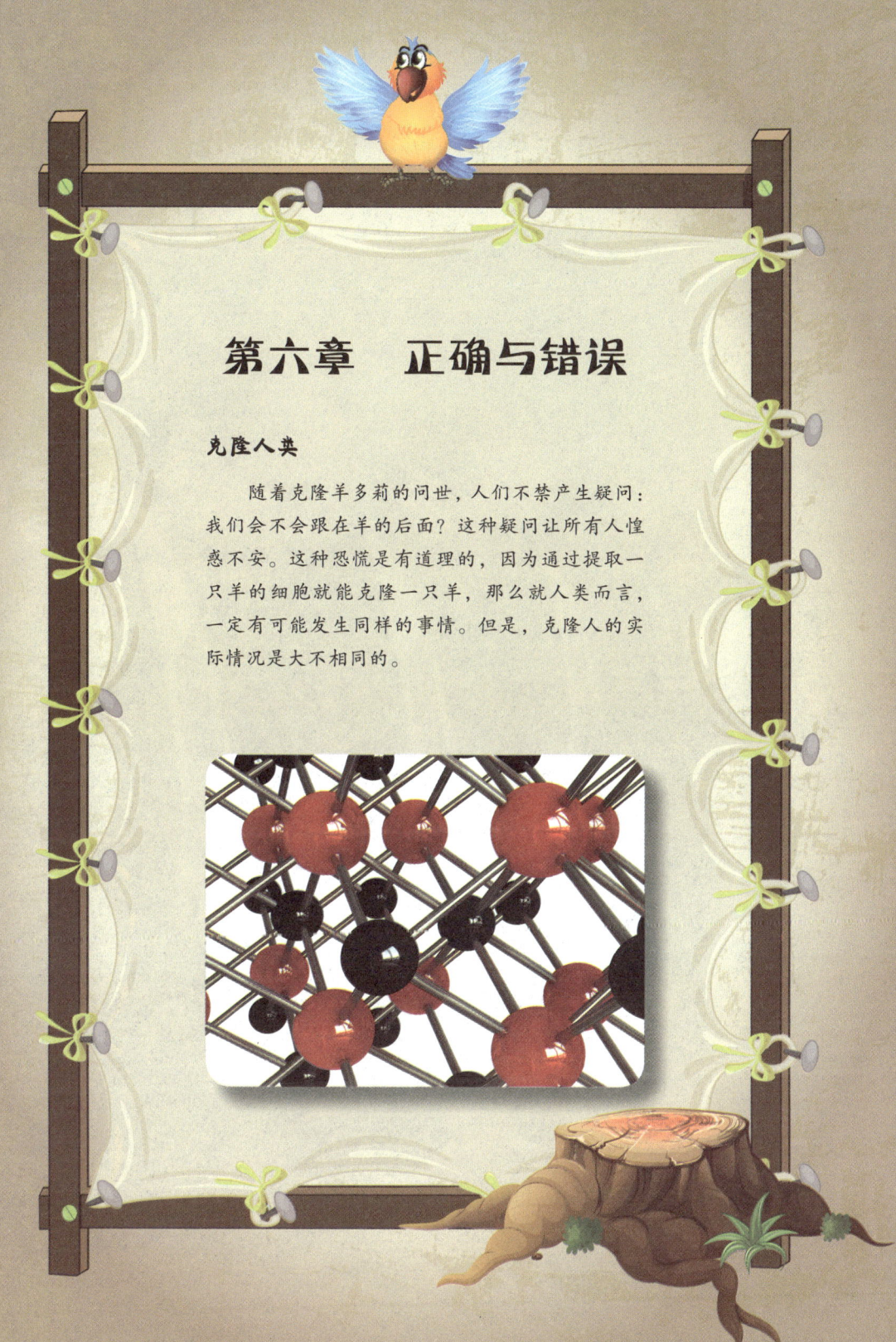

21 克隆
21 CENTURY SCIENCE

▼ 我们真的想要一个每个人的长相和行为完全一样的世界吗?

第六章 正确与错误

克隆的现实

克隆人已经不是科幻小说里的梦想,而是呼之欲出的现实。获取捐赠细胞很容易——我们有数十亿的细胞作为备用。获取细胞后,用微型注射器和高倍显微镜从细胞中提取细胞核,将体细

▼ 英国研究团队开创了体外受精的先例,1978年7月25日,世界上第一个试管婴儿路易丝·乔伊·布朗在英国兰开夏郡诞生。

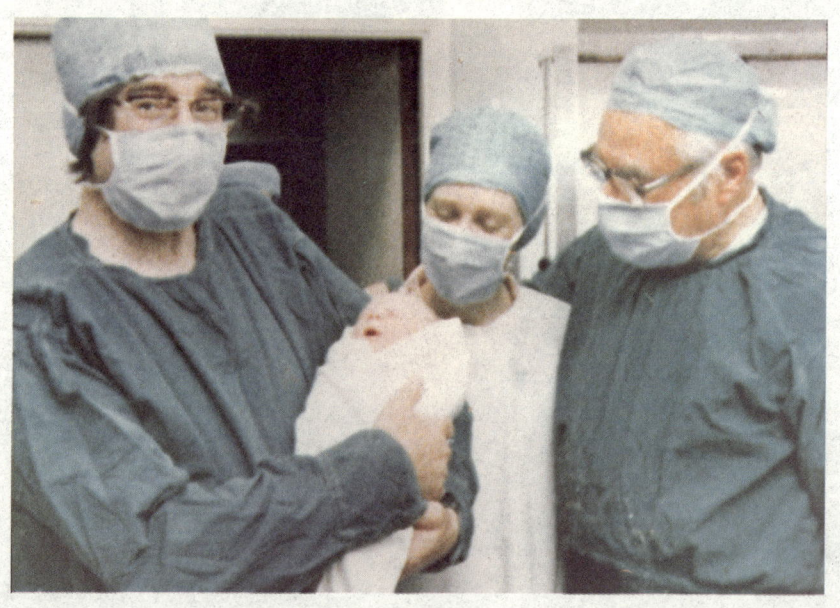

胞核移植到一个去核卵中（卵母细胞）。捐赠卵细胞的妇女必须服药，以便刺激卵巢产生卵细胞腺体。再通过引起不适的手术使这些卵细胞再生，除去卵细胞的细胞核，只留细胞质，然后将细胞核移植到空的卵细胞里。

克隆胚胎将会导致两种可能：一种是这些细胞会生长为身体的一种"修理工具"；另一种则是为了能发育成一个婴儿，克隆胚胎需移植到代孕妈妈的子宫内，经过足月的怀孕后生产。人类克隆已实现或在不久的将来实现都是有可能的。

1978年出生在英国的婴儿路易斯·乔伊·布朗是世界上第一个试管婴儿。如今，世界上成千上万的婴儿以这种方式出生，他们经常被称为"试管婴儿"，但事实上，他们并没有在试管中发育。卵母细胞是从母亲那儿收集而来，然后和父亲的精子样本混合。如果一切进行得顺利，一个胚胎就像自然怀孕一样形成了。经过长达14天的发育，这个胚胎就会放回到它被移植的母亲的子

▲ 如果体外受精后，不止一个胚胎在子宫里发育，这将产生双胞胎、三胞胎或更多。

宫里，然后就形成了正常的怀孕。通常情况下，在子宫里会多放置几个胚胎，因为这会增加发育的机会——至少有一个。

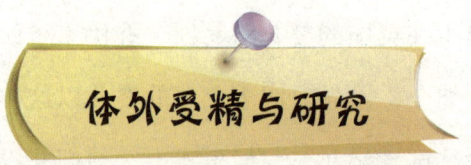

体外受精在诸多方面对克隆和细胞研究起着重要作用，体外受精的研究为科学家处理受损伤的胚胎和了解早期胚胎培养提

供了经验。此外，体外受精时，因为胚胎不能全部放置在子宫里，所以经常会有"备用"胚胎被留下。如果第一次体外受精没成功，体外受精夫妇可以在下一次尝试中选择使用冷冻胚胎，他们也可以选择捐赠胚胎用以研究。胚胎（但不是卵细胞）可以冷冻，供以后使用，也可成为干细胞的丰富供源。

生殖性克隆

生殖性克隆不同于体外受精，它不需要精子。试管婴儿拥有母亲和父亲的基因，而生殖性克隆仅来自于捐赠者或只有父亲或母亲的基因。不育不孕是由于夫妇双方不能产生自己的精子或卵子，这就必须使用捐赠者的精子或卵子。不能生育的夫妇认为与其找一个与他们没有关系的捐赠者，不如通过克隆治疗不孕不育，这也许是更好的选择，因为生殖性克隆至少使用了他们自己的细胞（父母中的其中一个），孩子将会有他们的基因。

21 克隆

科学生涯：

尼古拉·汤森德是英国赫特福德郡和埃塞克斯生育中心的胚胎学家，她拥有医学学士学位，在英国伦敦哈默顿医院接受过临床胚胎学培训，现已注册，正在进行最新体外受精技术的研究。

一日掠影……

胚胎学家期待日常工作多样化，如实验室工作、论文撰写和与病人的接触。在实验室里，尼古拉和她的同事们主要从事四个方面的研究：精子、卵细胞的收集，受精，胚胎培育，以及胚胎保藏。为了能熟练地用小玻璃吸管操作仅有人类头发那么宽的胚胎，尼古拉需高度地关注细节，并必须要有出色的手眼协调能力。

斯人斯语……

"取得学位后，我想从事医疗保健工作，但我不想被禁锢在实验室里。胚胎学是最完美的选择，它能使我把实验室工作与日常的病人护理和接触相结合，这样我就可拥有既有意义又圆满的职业生涯。"

为什么要克隆人

尽管克隆人很困难,但仍有诸多理由使人们对这项研究饶有兴趣。在考虑克隆可运用的方法时,区分治疗性克隆和生殖性克隆非常重要。

干细胞作为人体的"修理箱"已经显现出了成功的迹象。问题是植入人体的任何"异体"——无论是肾脏还是骨髓移植、细菌、病毒或干细胞——都会引起免疫系统的排斥。这是人体自我保护的一种方法。

治疗自己

如果干细胞能从自己的组织中提取,免疫系统将不会把它们当做异体排斥。从自己身体细胞里克隆胚胎,当需要它们时,可作为干细胞的供源。对一些人来说,这种"从自己身体中克隆"

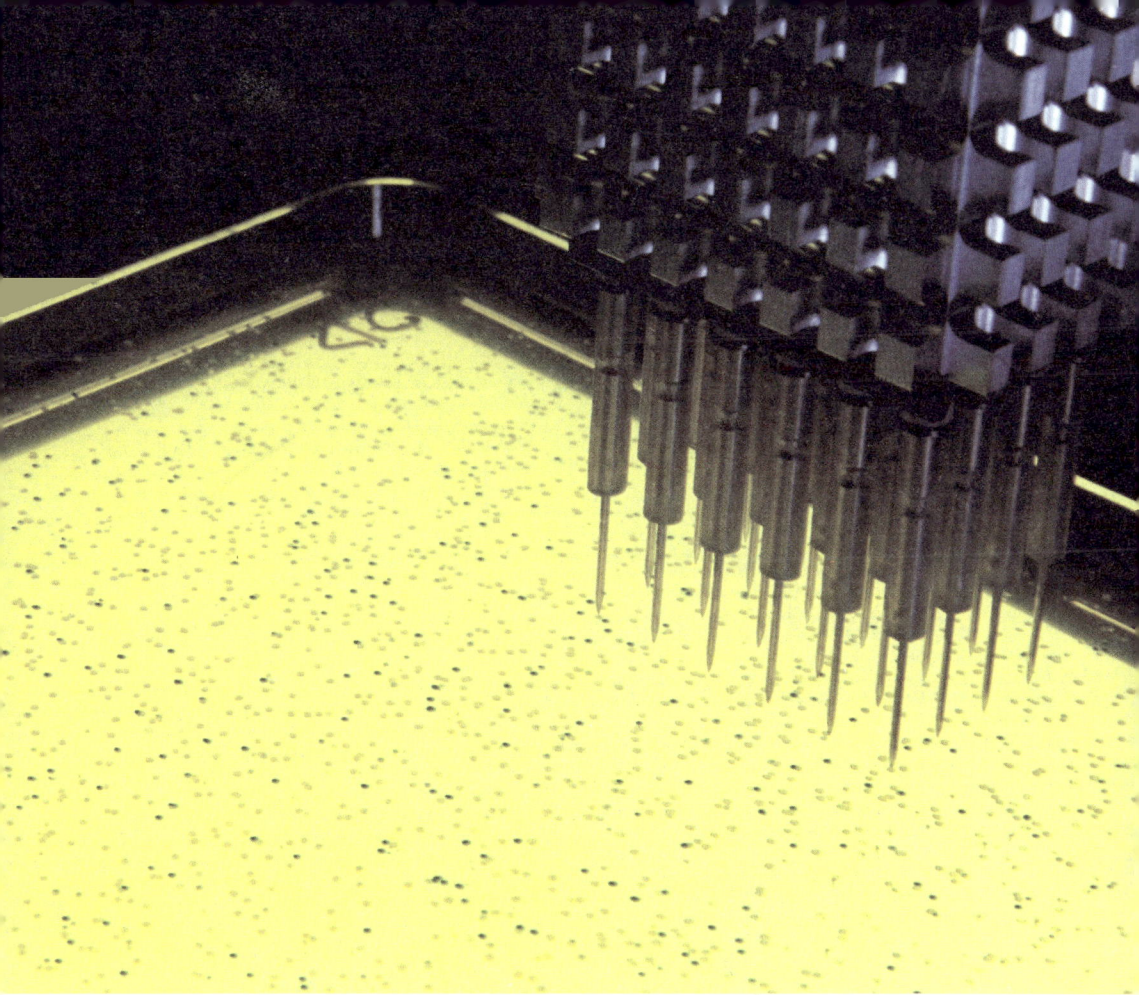

▲ 基因克隆的机器人提取细菌菌群（黑色的斑点），细菌菌群已被用于人类DNA基因的研究中。

的想法是很难接受的。然而，对于那些患有严重疾病的病人——他们未来可能会通过细胞疗法发现一种治疗方法——而言，他们会接受从自己身体细胞里长出的新组织的想法。

　　人们对克隆感兴趣，还有其他可能的原因。媒体公开克隆羊多莉之后，主持此项研究的科学家伊恩·威尔穆特被几个为失去

孩子而伤心的父母找到，他们与他联系了数月。这些父母认为他能克隆一个他们死去的孩子的替代者，但是威尔穆特教授总是说他对人类生殖性克隆不感兴趣，并认为克隆人是不合适的。人们出于好奇还是想克隆自己，但克隆人并不能完全像供体，克隆人在不同的妇女的子宫里发育，在不同的环境里由不同父母养育，甚至他的基因都是不完全一样的，因为克隆人会从捐赠者的卵细胞里获取线粒体DNA。由成人细胞克隆人没有同卵双胞胎那么相似，实际上，即使是同卵双胞胎，也并非拥有完全相同的基因。基因很重要，但是养育方式和环境也同样很重要。

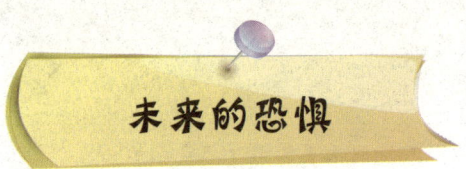

未来的恐惧

还有更离奇和更可怕的克隆人的原因。有权势的政客或商人尝试着克隆遵守纪律的士兵或顺从的工人，或者也许有人会尝试着用保存的细胞作为供体再创造名人。

研究内容：通过向患有心脏衰竭的病人，也就是心脏太弱而不能正常工作的病人，注射干细胞观察受损的心脏是否能被修复。

研究团队：安东尼·马特尔博士和他的研究团队，他们来自巴茨和英国伦敦心脏病中心。

研究过程：迄今为止大约90位病人参与了实验。把干细胞或安慰剂注射到患者管状动脉或直接注射到心脏肌肉，这些干细胞则来自病人髋关节的骨髓。几个月后，再对他们的心脏进行心电图扫描，检查这些干细胞是否能改善心脏功能。对于心脏衰竭的病人，心脏功率的改善意味着他们不会感到很疲劳，并且能够做日常事情。

研究结论：根据58位患者的治疗结果，研究者进行了分析，目的就是了解在干细胞组和安慰剂组之间是否有实质性的差异。

第七章　对克隆的挑战

道德辩论

　　大多数人都有判断是非的准则，这个准则可以延伸到社会，政府制定法律，依据就是基于对人们道德价值观的思考。科学进步与发展，尤其是医学发展，挑战着我们的道德准则。

▲ 为了有助于人类研究，动物克隆已实施，最终或许人类会得到一些好处。但是目前，就动物本身而言，也很难看到克隆带来的好处。

21 克隆
st CENTURY SCIENCE

▼ 美国的威斯康星大学麦迪逊分校,为了发现治疗神经和肌肉疾病的方法,一名技术人员正在准备做实验用的干细胞。

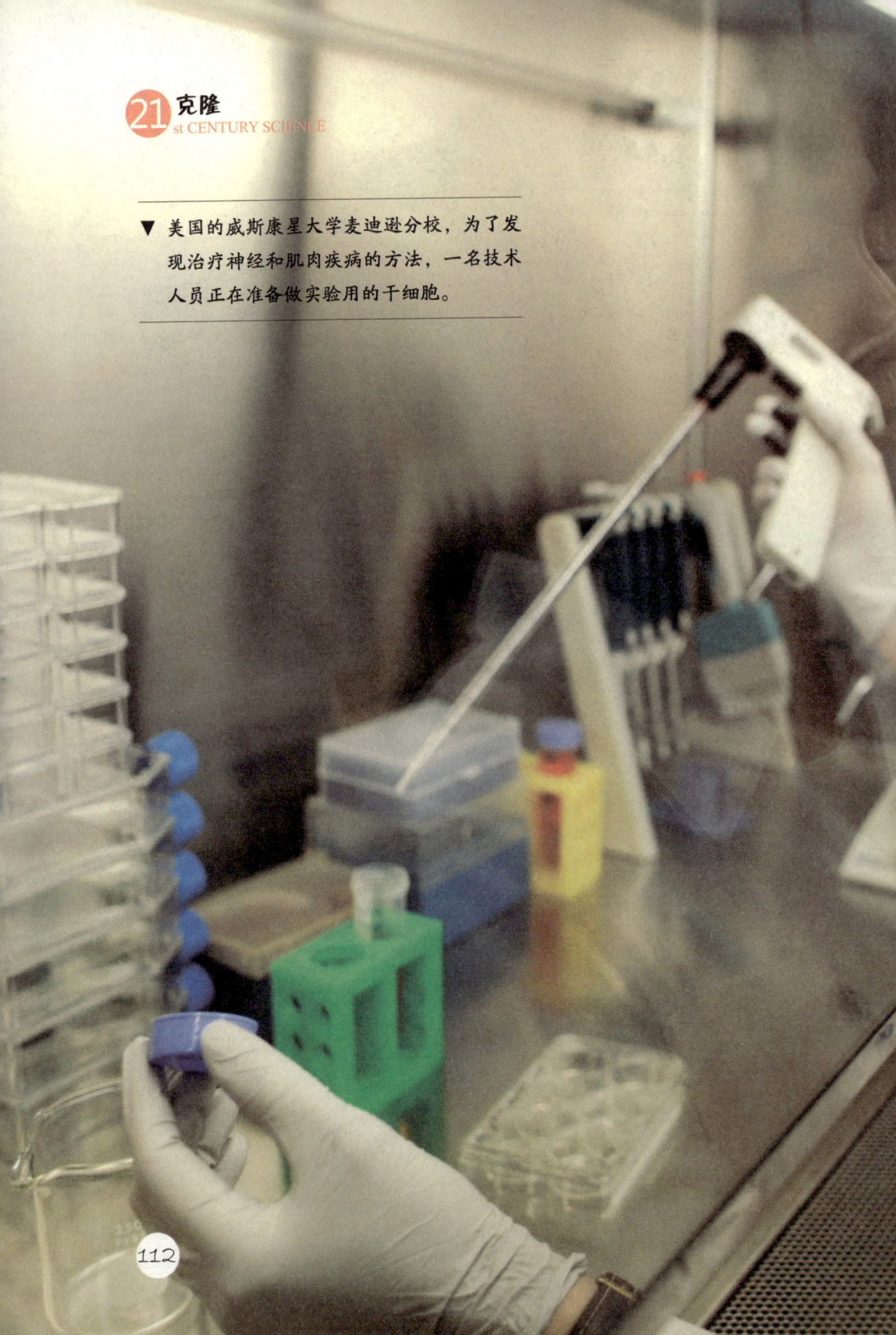

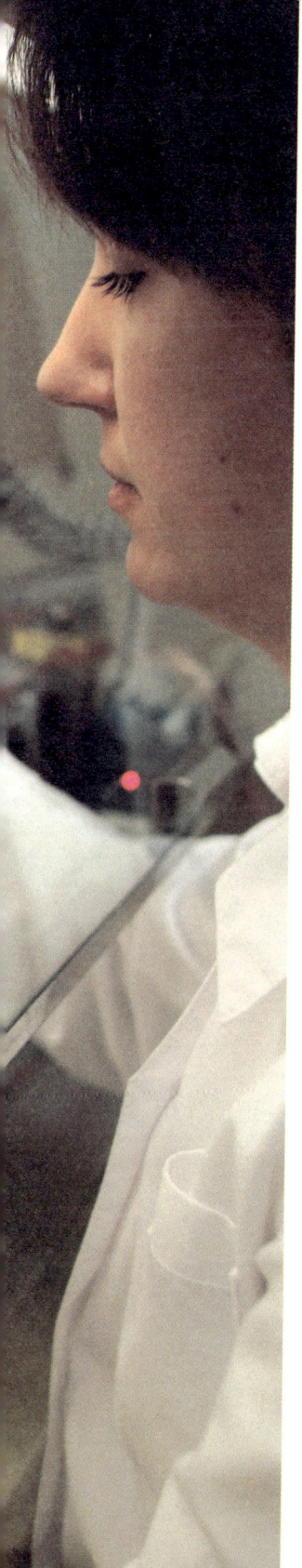

支持与反对

克隆技术的潜在利益太多太大：通过治疗性克隆和对动物的生殖性克隆，可发现新的疗法；克隆的动物可用来作为器官移植的供源；生殖性克隆能够帮助不孕不育的夫妇，尤其是克隆比体外受精更有效。

克隆动物的经历提高了对动物权益的关注，这是因为许多克隆的动物不太正常并且寿命比较短。对一些人来说，无论治疗性克隆带来何种好处，都是无法接受的，因为克隆"复印"人类，使我们仅仅成为从工厂里生产出来的机器人而已。所以当成为一个克隆人时，感觉会是怎么样呢？在那种情况下，大多数人可能会很憎恶被看做是"怪胎"，另一种选择就是过秘密和匿名的生活。

第七章 对克隆的挑战

错了吗？

人们常说克隆是错误的，因为它"违背了自然规律"。当"器官移植"和"体外受精"问世时，也被认为违反了自然。现在对于克隆，也产生了同样的争执。如今，大多数人已接受了器官移植和辅助生殖。就某种意义而言，在科学发展的进程中，会有悖于自然，因为科学发展总是要涉及一些新的与未知的内容。

克隆、金钱和法律

对于如何和怎样完成科学研究，公共舆论起着一定的作用。政府掌控着某些科学活动，如动物实验要通过法律允许，同时政府也需为科学研究拨款。然而，当研究接近尾声时，科学家通常会依靠银行或投资者提供的资金来完成研究。如果这项研究是有争议的，或许科学家就不能获得继续这项实验的资金。

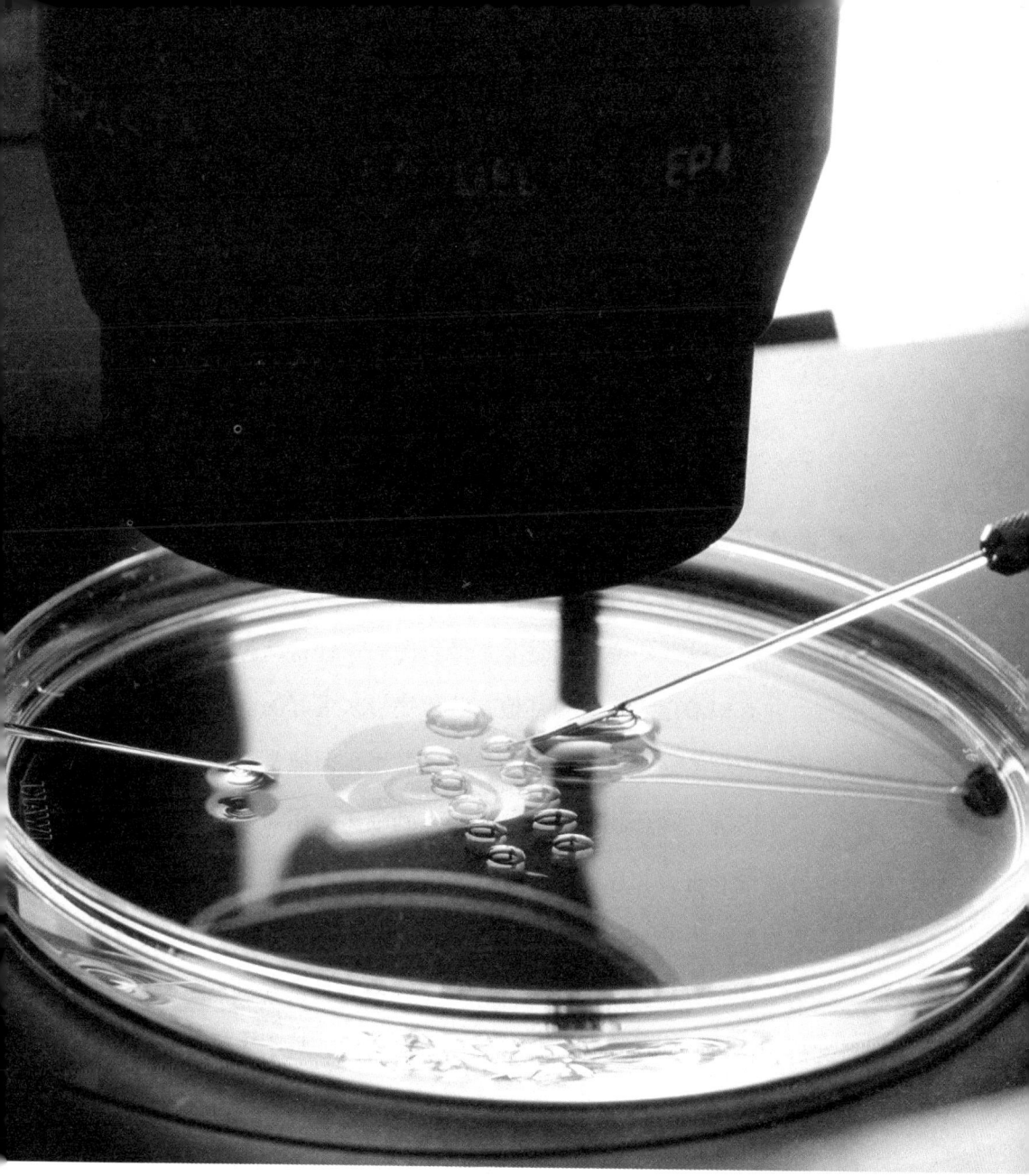

▲ 干细胞的研究，如使用老鼠的卵细胞，会引起激烈的道德辩论。

第七章　对克隆的挑战

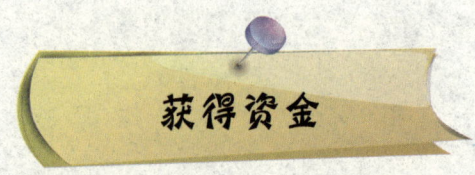

获得资金

　　科学不仅仅是在实验室里进行研究。如果干细胞疗法被确定为新的研究目标，首先将不得不在动物身上进行试验，然后才是临床试验，这些研究费用是非常昂贵的。一种新试验消息一经公布，并有望治疗癌症或为其他一些疾病带来更好的治疗方法，那些需要治疗的病人就会经常和科学家联系，但通常那是不可能的。这是因为一种药物或疗法从实验室到临床应用需要好几年的时间。在没有进行临床试验之前，对病人实施新疗法是违反规定的，因为药物很可能会不起作用，有时甚至会造成伤害。

　　为了使新疗法能够用于病人，科学家需要自己提供资金买设备和进行试验。而为了使新疗法超越试验阶段，科学家需从私人投资者那里得到资金支持。由于在技术和科学水平上都存在一定的障碍，投资者从克隆和细胞疗法研究中看不到回报的希望，因此研究者很难获得私人投资者对前期试验的资助。没有足够资金让试验变成现实，或许人们永远都看不到克隆的好处。

研究内容：对人的克隆问题的争论越激烈，涉及的社会伦理问题也越突出。反对使用人类胚胎干细胞的问题可能由诱导性多功能细胞所解决。

研究团队：乔治·戴利和他的研究团队，他们来自美国马萨诸塞州哈佛干细胞研究所、波士顿儿童医院、顿丹纳法伯癌症研究所、哈佛医学院、布里格姆妇女医院。

研究过程：利用感染人类的皮肤细胞的病毒载体，

将四个转录因子的组合转入分化的体细胞中，使其重新编程，得到类似胚胎干细胞的一种细胞类型。这些诱导性多功能干细胞成长为不同类型的细胞。众所周知，在老鼠体内不同基因的组合会导致癌症，所以在诱导性多功能干细胞被考虑用于人类治疗之前，研究人员仍然需要克服许多关键障碍，但诱导性多功能干细胞已被制成细胞系用来研究某些疾病。

研究结论：我们还不知道是否诱导性多功能干细胞将真正有益于医学应用，但科学家会继续努力发展诱导性多功能干细胞系。

世界性的克隆

人类生殖性克隆遭到了人们普遍的谴责,但对于治疗性克隆,人们有各种各样不同的观点。对于研究克隆和干细胞的科学家而言,这就意味着他们必须对用于研究的实验室精挑细选。同样也意味着在世界的某个地方,有可能会创造出克隆人——这并不是因为有特定的政府支持(没有国家会这么做),而是因为没有国际公约禁止克隆。

限制克隆

克隆作为科学研究的一个领域,对此应抓紧制定相关法律并采取措施,引导克隆研究走上正确的道路。各国政府应用法律控制克隆,主要是阻止生殖性克隆失控。各国政府十分关注三个不同克隆技术:首先,应严格检查胚胎干细胞,尽管它们不一定

是克隆产生的，但问题是克隆包含胚胎，有些人拒绝胚胎是因为胚胎有潜力成为未来的人类；其次，治疗性克隆会不可避免地导致生殖性克隆；最后，尽管不知道生殖性克隆是否能成为可能，但至少目前没有人想看见生殖性克隆人。

目前，关于克隆，联合国和拥有27个国家的欧盟未达成国际条约，只是世界各国政府各自立法。2001年6月，英国作出立法禁止生殖性克隆人的决定，但允许在人类胚胎干细胞和治疗性克隆方面进行研究。

◀ 在2009年3月，美国总统奥巴马在其官邸公布了一项行政命令，宣布解除布什政府关于胚胎干细胞研究的禁令。

第七章 对克隆的挑战

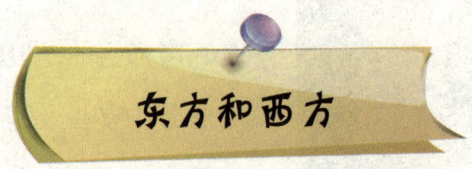

东方和西方

2001年8月9日,时任美国总统的布什签署行政命令,禁止联邦政府经费用于胚胎干细胞研究。治疗性克隆的合法性因不同的州而不同。在2002年2月联合国举行的关于拟定《反对生殖性克隆人国际公约》的会议上,中国代表指出,以治疗和预防疾病为目的的人类胚胎干细胞研究是有益的,应予以鼓励和支持。这同新加坡和韩国的态度是一致的。2004年,韩国科学家成功地克隆了人类早期胚胎,并从中提取了胚胎干细胞,这是科学家首次利用克隆技术获得人类胚胎干细胞。但从那时起,这项工作已说明是错的,因此我们不能仅仅依靠这些报告。

研究内容：由于世界范围内关于克隆和干细胞的规范各不相同，所以很有可能一个国家有这种疗法，而另一个国家却没有此疗法。

研究团队：来自中国浙江杭州萧山医院的医生们。

研究过程：英国威尔士两岁大的男孩乔书亚·克拉克，由于先天性视神经发育不全，自出生起就双目失明。而目前英国医疗界尚无有效的治疗方法，于是他和他的家人

第七章 对克隆的挑战

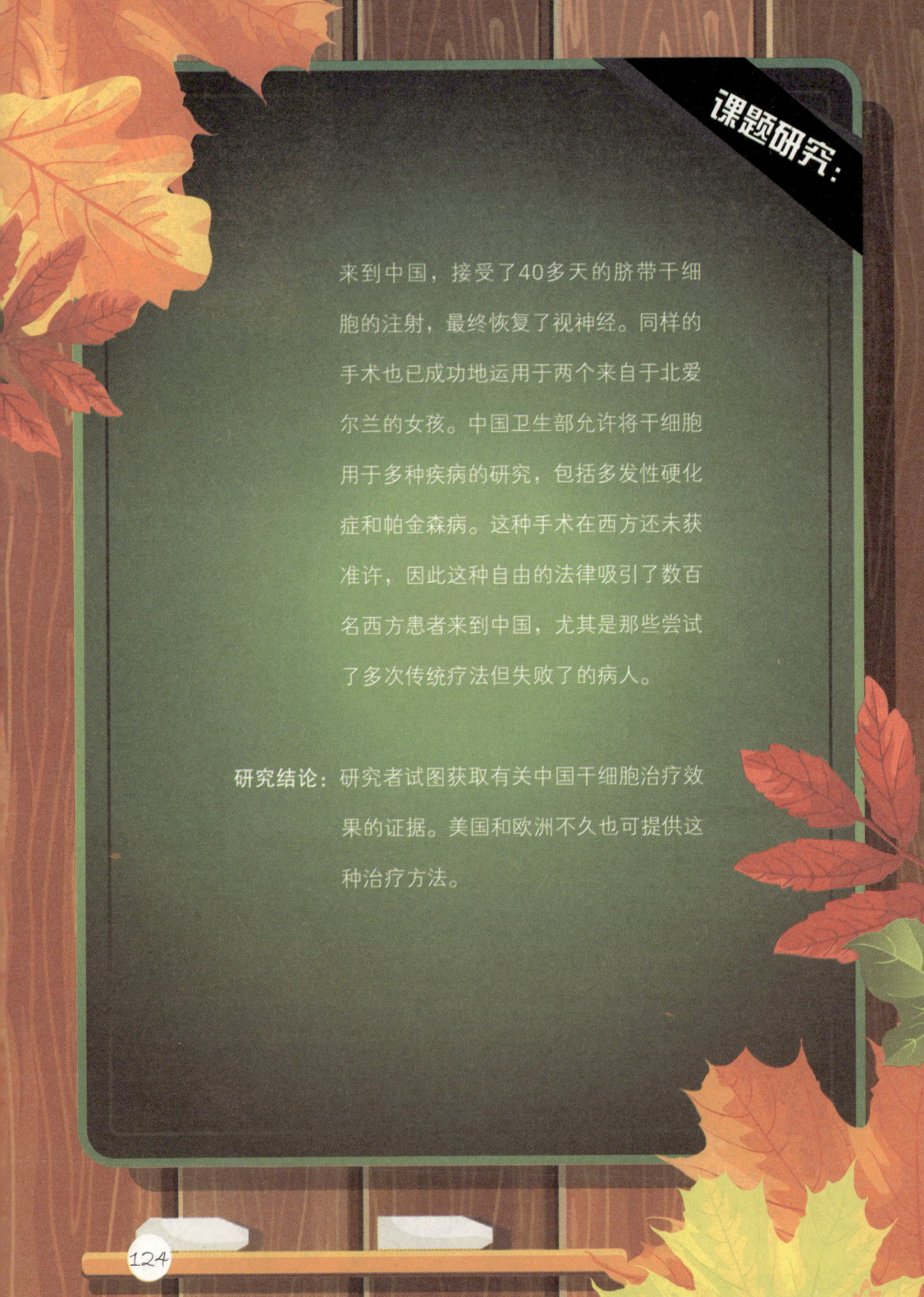

课题研究:

来到中国,接受了40多天的脐带干细胞的注射,最终恢复了视神经。同样的手术也已成功地运用于两个来自于北爱尔兰的女孩。中国卫生部允许将干细胞用于多种疾病的研究,包括多发性硬化症和帕金森病。这种手术在西方还未获准许,因此这种自由的法律吸引了数百名西方患者来到中国,尤其是那些尝试了多次传统疗法但失败了的病人。

研究结论: 研究者试图获取有关中国干细胞治疗效果的证据。美国和欧洲不久也可提供这种治疗方法。

第八章 克隆的未来

细胞治疗方式

人类治疗性克隆的好处可能还需漫长的过程才能体现,然而,用其他类型的干细胞进行细胞治疗正在研究之中。如果干细胞能从克隆中获取,干细胞也将会以相似的方法被使用。

21 克隆
st CENTURY SCIENCE

▼ 图像中纤维组织母细胞被染成了蓝色。纤维组织母细胞对治愈伤口起着关键性的作用,科学家们把老鼠的胚胎纤维组织母细胞用于人类胚胎干细胞的研究。

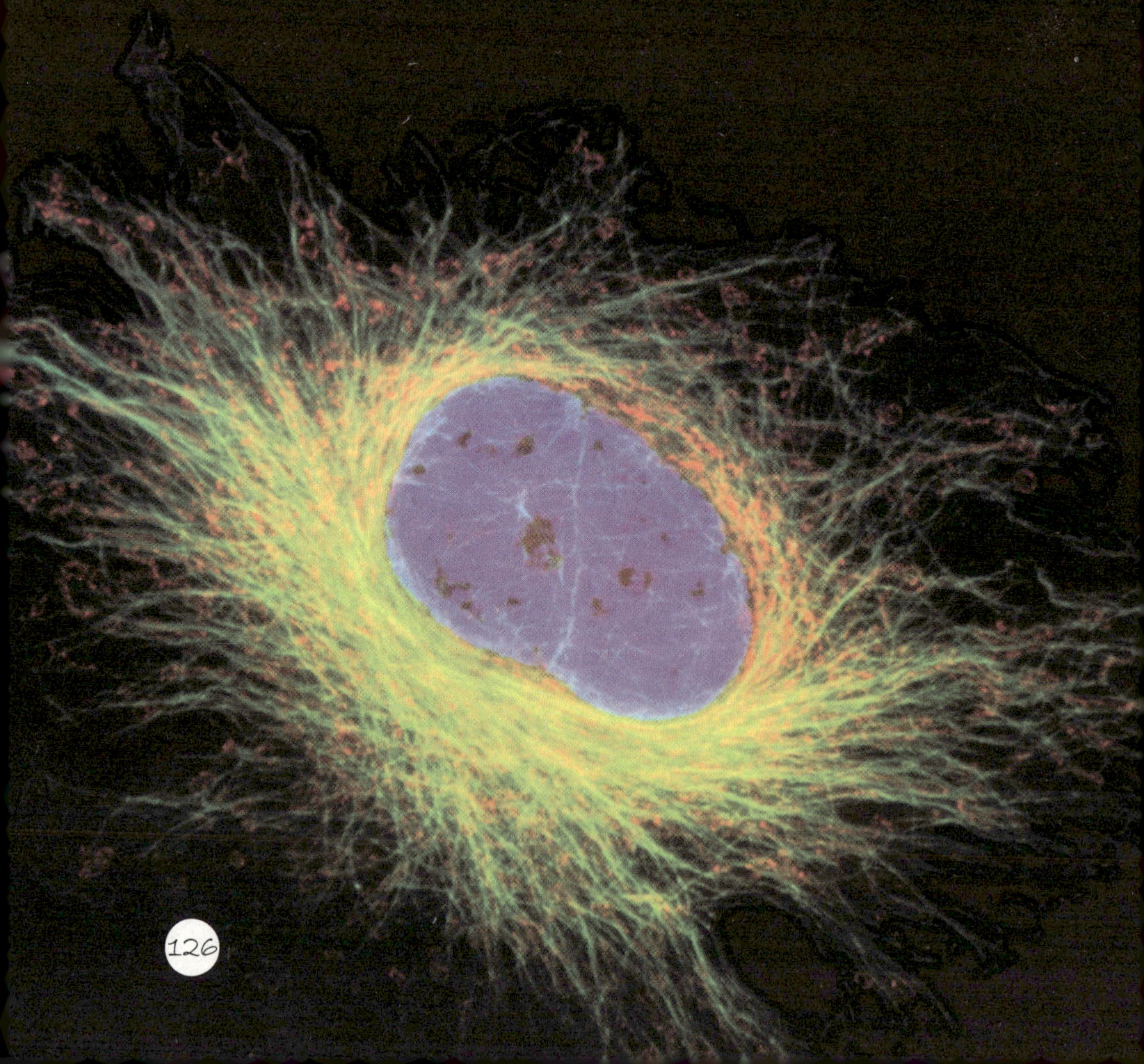

目前的治疗

不久，美国科学家将经过实验室培养的神经干细胞，移植到了患有巴腾病的孩子的大脑中。巴腾病是一种罕见的遗传性脑部疾病。这将是干细胞第一次用于大脑，该研究可能为治疗帕金森病、中风以及脊椎损伤导致的瘫痪等目前无法治疗的疾病开辟道路。

细胞治疗就是利用活组织重建和更新患病或老化的组织。纤维组织母细胞能产生胶原蛋白（使皮肤有弹性），在治愈伤口、溃疡和严重烧伤方面起着积极的作用。对于那些想整容的人来说，这些细胞治疗能帮助"填补"皱纹和疤痕。目前，已有成千上万的患者受益于纤维细胞治疗。

与此同时，头皮的真皮乳头（头发产生的）细胞经过实验室培养，再植入到将要秃顶的人头上。英国已对此项新疗法经过了测验，一些参与治疗的人已长出了新头发。

▲ 骨髓移植研究中,人类骨细胞经过培养成为液态,组合成新组织再注射给患者。

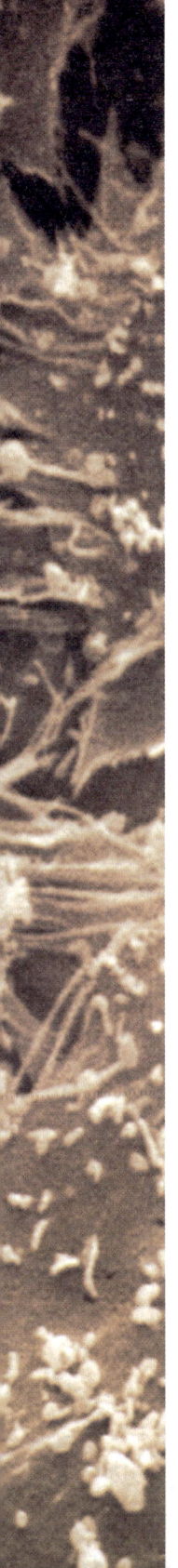

干细胞的突破

骨髓移植一直用来治疗严重的免疫疾病和癌症，但现在似乎这些重要的干细胞在人体里还起着另一种作用。德国和英国所进行的临床试验已表明：病人自己的骨髓干细胞可修复由心脏病损伤的心脏肌肉。似乎这些细胞真的可以制成组织和器官。目前，美国北卡罗来纳州的威克森林大学的安东尼·阿塔拉，自1990年以来一直致力于研究人体膀胱的"再生"。1999年，他进行了第一例自体组织培育的人造膀胱移植手术。膀胱肌肉细胞易培育，但膀胱上皮细胞的培育难度很大。他发现只要培育得当，只需像邮票大小的膀胱组织，就能在2个月内生长出足以覆盖一个足球场大小的膀胱上皮细胞。接下来，研究人员用可生物降解的胶原蛋白做成一个膀胱样子的外壳，然后用肌肉细胞覆盖在外壳的表面，外壳的里面则用膀胱上皮细胞覆盖。大约6—7周后，人造膀胱完全成形。人造膀胱在手术3个月后，其胶原蛋白外壳被分解，人造膀胱正常工作。他们先后做了7例实验室培植膀胱的移植手术，接受移植的患者在4—19岁之间，他们都是患有先天性膀胱缺陷的年轻人，术后跟踪观察发现患者身体状况良好，其人造膀胱工作正常。

细胞治疗的前景

人体的骨骼和关节易损坏，用钢钉或金属板对其进行修复具有一定的局限，而细胞则会通过新陈代谢，促进受损部位生成新细胞进行自我修复，如从关节软骨细胞提取的骨髓干细胞，可对受损的膝关节和髋关节进行修复。关节软骨细胞是软骨组织的主要组成部分，它能促进新软骨组织形成。骨髓干细胞也能生成骨细胞。澳大利亚的研究者率先进行了骨细胞移植，移植对象是一位骨折后久治不愈的21岁青年。治疗方法是先用大型钛板固定骨折部位，再进行骨移植，骨细胞则源于患者自体骨髓干细胞的培养。

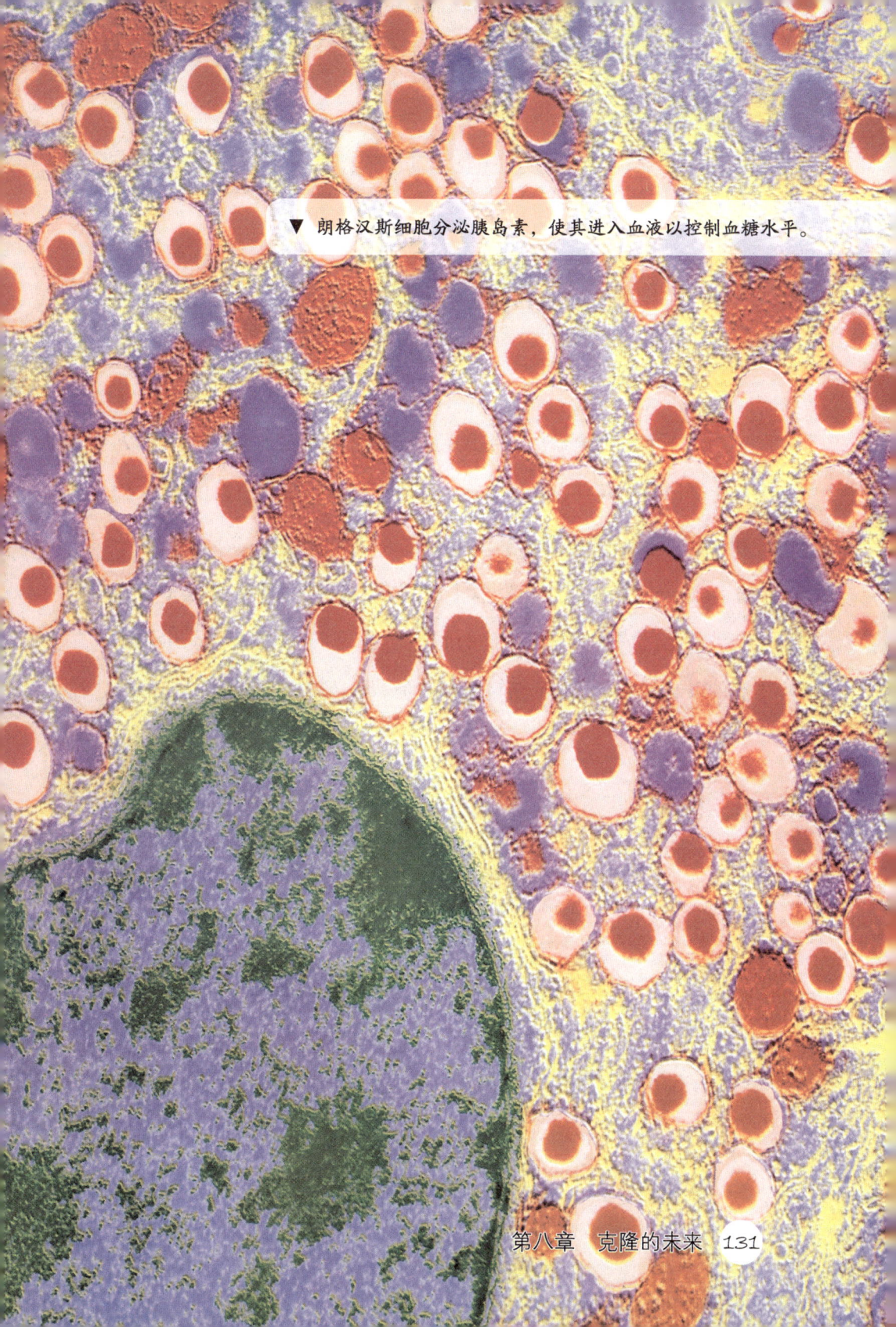

▼ 朗格汉斯细胞分泌胰岛素,使其进入血液以控制血糖水平。

干细胞和糖尿病

用干细胞治愈糖尿病是最大的希望之一。目前全球有6%的人患有糖尿病,而且人数每年都在逐步增加。糖尿病分为1型糖尿病和2型糖尿病两种。糖尿病就是人体胰腺中的胰岛素合成细胞——β细胞——要么不够,要么不能正常起作用。胰腺细胞(β细胞)移植已成为治疗糖尿病的固有方法,但这种治疗会受供体细胞的限制。胰腺细胞移植目前也许是一种比较好的治疗方法。

免疫系统

通过移植骨髓干细胞,可挽救数以万计患有先天性免疫系统疾病或白血病的人的生命。化疗破坏了癌症患者的骨髓,而移植骨髓干细胞则可对其进行治疗。干细胞能补充血液的供给量。

科学生涯

朱莉·丹尼尔斯的第一学位是微生物学,她在英国利兹大学获得组织工程学博士学位,1996年她进入伦敦大学学院眼科研究所,现在是穆尔菲尔德眼科医院眼细胞组织库的主任。

一日掠影……

朱莉·丹尼尔斯研究团队的主要工作是:在实验室可控条件下,从捐献者细胞中培育胚胎干细胞,然后把角膜缘干细胞移植给患者。由于无虹膜——一种非常稀有的遗传基因或来自化学事故,这些患者眼睑下的角膜缘细胞受损或角膜过于密集,最终导

21 克隆

致失明，并眼睛疼痛难忍。用胚胎干细胞取代受损角膜缘细胞会使角膜变得清晰，最终重见光明。目前，在首次参与试验的患者中，有60%移植了干细胞并已重获光明，还有部分移植了干细胞的患者仍在等待结果——是否能重见光明。

斯人斯语……

"手术之前，在患者眼前招手，他们几乎看不见。手术后，他们的视力在一定程度上得到了恢复，至少他们能看见视力检查表上的三四行。"

克隆的未来

细胞能够"重新编码"令人瞩目。克隆技术是生物研究中的里程碑,它使得各种可能成为现实。然而,用克隆技术治疗人类疾病还需一段过程,因为大多数人不希望用克隆技术制造出人类的复制品。

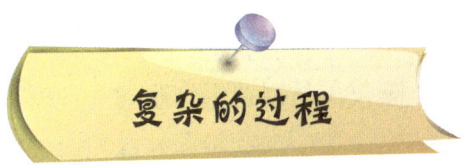

复杂的过程

科学家承认在研究细胞的过程中还存在着诸多问题。克隆本身就是一个复杂的过程,从一个细胞中提取细胞核,从另一个细胞中除去细胞核,然后把这两个细胞核进行转移。干细胞一旦获得,一定要保证其存活,以便进行增殖,最后,将干细胞分化成所需的细胞——脑细胞、心脏细胞或胰腺细胞。用干细胞进行治疗时,从普通体细胞中可以得到很多借鉴,如纤维细胞可用

来修复皮肤和头发。总之，我们对细胞了解得越多——怎样培育它们以及它们有什么特性，我们就能在用细胞治疗时取得更大的成功。

今天和未来

尽管普遍认为胚胎是干细胞提取的最好来源，但干细胞的提取还可以有多方来源，如骨髓和其他"成熟"供源——胎儿和胚胎。通过核移植克隆仅仅是制造干细胞的一种途径，治疗性克隆则是另一种途径，用体外授精的供体胚胎制造人类胚胎，提取胚胎干细胞。但克隆还有其他用途，如动物克隆可以制造转基因动物，反过来，这些动物又可用于治疗性克隆和人类生殖性克隆。人类生殖性克隆可以从一个供体中的一个单细胞中复制出一个人。这是否有实用价值，我们将拭目以待。

▲ 到目前为止，这些沙漠中的克隆人仅出现在科幻小说中。但是，也许有一天，随着克隆技术的发展，这种多类型的复制品将会产生。社会必须裁决这是正确的还是错误的。

第八章 克隆的未来

名词解释

DNA（脱氧核糖核酸）：组成基因的化学成分。

凋亡：一个细胞损伤或者一个有机体在发育过程中细胞正常的死亡。

无性生殖：在繁衍后代时从单一的母体产生，不会像精卵结合一样涉及细胞。

细菌：一种由单细胞构成的微生物有机体，它没有细胞核，有些是致病的，有些是有益的。

碱基对：形成DNA、RNA（核糖核酸）单位以及编码遗传信息的化学结构。

囊泡：哺乳动物胚胎早期存在的一种球状的细胞。

愈伤组织：在激素刺激的过程中产生的植物组织，它是新植物和克隆植物的来源。

软骨：一类在关节、鼻子和耳朵中发现的组织。

细胞：组成生命物质的基本单位。

细胞疗法：一种修复组织（其主要构成是人体细胞）损伤的疗法。

染色体：是由DNA和蛋白质组成的细胞核中螺旋状结构的物质。

切割酶：一种将DNA切割为碎片的分子。

细胞学家：专门从事细胞研究的科学家。

细胞质：包围在一个细胞核周围的物质。

真皮乳头：一类能够产生毛发的皮肤细胞。

分化：由一个干细胞分裂为一个更加特异性细胞（如一个神经细胞）的过程。

胚胎：一个动物发育最早期，即受精卵开始分离的时期。

酶：是一种能够加快生化反应的蛋白质（就像食物的消化）。

受精：一个卵细胞和一个精子细胞结合，然后形成一个胚胎的过程。

纤维组织母细胞：成能产生纤维的一类细胞，它存在于结缔组织中，如软骨。

基因：是由DNA组成的以化学编码的形式携带遗传信息的化学单位。

基因组：一套染色体中发现的所有基因。

人类基因组计划：是一个国际科学计划，旨在绘制人类所有基因和DNA序列的谱图。

体外受精：将一个精子和卵子置于人体外的一种玻璃容器中，进而形成一个胚胎。

显微镜：一种光学工具，使得科学工作者能够观察到用人的肉眼看不到的东西。

线粒体：是细胞中以葡萄糖作为燃料产生生物化学能量的细胞器。

有丝分裂：从一个细胞的核分裂形成两个新的细胞，这两个细胞在最初具有相同数目和种类的染色体。

核移植：将一个细胞的细胞核转移到一个未受精的卵子中形成一个胚胎，即克隆的原始细胞。

卵母细胞：一种卵细胞。

器官：在体内能够执行特定功能的一批组织。

单性生殖：从一个未受精的卵子发育成一个有机体的生殖方式。

质粒：是细菌细胞中由DNA组成的一种结构，它可以在细菌染色体外独立存在并且进行复制。

增殖：植物界的一种无性生殖方式，即新的植物体由植物的一种结构（纤匐枝或球茎）发育而来。

蛋白质：一类含有碳、氢、氧、氮和硫的有机分子，它在所有的生物有机体中都存在。

重组：通过基因工程将不同有机体中的基因整合到一起。

再生：是指生长出新的组织来替代受损伤的组织的过程。

有性生殖：一种涉及两性和生殖细胞（精子和卵子）结构的生殖方式。

体细胞：除了生殖细胞以外的细胞。

干细胞：发现于胚胎和一些体内组织中的最原始的细胞，能够发育成许多不同类型的特化细胞。

组织培养：在体外使得组织生长的技术。

全能细胞：一种能够变成任何类型细胞的细胞。

载体：一种用于将DNA从一个有机体转移到另一个有机体的微型工具。